茶文化与茶健康（第2版）

· 学者说茶 讲说科学识茶 健康用茶 茶文化源流

王岳飞 徐平 主编
杨贤强 主审

TEP 旅游教育出版社
·北京·

编委会

EDITORIAL BOARD

序
PREFACE

从2012年开始，一些热衷于国外名校视频公开课的网友惊喜地发现，在一个冠名为“爱课程”的网站（http://www.icourses.edu.cn/）上，北大、清华、复旦、浙大等数十所国内著名大学选送的上百门优秀视频公开课陆续上线。这是我国高等学校优秀教育资源全民共享的伟大创举，值得认真总结。

在前几批上线的近100门课程中，浙江大学共占8席，居全国高校前列，其中由该校茶学系王岳飞、龚淑英、屠幼英三位教授主讲的“茶文化与茶健康”课竟成为中国名校视频公开课中的一匹黑马，自2013年5月7日推出以来，人气一路飙升，连续16周荣居全国榜首，甚至盖过北京师范大学著名教授于丹的“千古明月”课，这令几位主讲人也始料未及。

为什么王岳飞教授等主讲的“茶文化与茶健康”课受到如此热捧和高度评价呢？我认为可能与以下几个因素有关：

其一，茶和茶文化具有独特的魅力。

地处中国西南地区的云贵高原是举世公认的世界茶树原产地。遍及全球五大洲60余个国家和地区的茶种与茶文化直接或间接皆源于中国。中国茶远销全球180多个国家和地区。中国是种茶历史最悠久、种质资源最丰富、制茶种类最多彩和茶道文化最繁荣的国家。俗话说：“开门七件事，柴、米、油、盐、酱、醋、茶。”自古以来，茶早就融入我国各族人民的日常生活之中。“何须魏帝一丸药，且尽卢仝七碗茶。”我们的祖先视茶如药，甚至还赞誉“茶为万病之药”。人们千百年来的生活实践和现代科学研究证实，茶具有促进消化、解毒消炎、预防龋齿、提神醒脑、降压降脂、防癌抗癌、预防肥胖、抵抗辐射、明目美容、增强免疫和延缓衰老等众多保健养生功能。在世界卫生组织召开的一次国际会议上，推荐的6种保健饮料[①]中，绿茶名列第一位，这绝不是偶然的。

进入21世纪之后，中国茶的第一、二、三产业呈现出比翼齐飞、蓬勃发展的良好态势。据统计，2011年中国茶园面积221.3万公顷，占世界茶园总面积的55%；茶叶生产量162.3万吨，占全球茶叶总产量的37%；茶叶出口量32.2万吨。我国茶园面积和茶叶产量稳居世界首位，茶叶出口量居世界第二位。中国茶饮料更是异军突起，发展迅猛，20世纪90年代后期刚刚起步，2011年已达1 400万吨。2012年国际（杭州）茶资源综合利用学术研讨会暨产品展示活动的成功举办，标志着中国茶产业由传统饮茶时期提升到饮茶、吃茶、用茶、赏茶并举的新时期。

茶，既是物质产品，又是精神产品。绵延数千年的中华茶文化，博大精深，雅俗共赏。客来敬茶，以茶敬老是全国各族人民的传统美德；以茶会友，以茶联谊，是人际交往、增进友谊的良好途径；品茗悟道，欣赏茶艺，更是修身养性和美的享受。随着茶文化的宣传与普及，科学饮茶、健康饮茶和文明饮茶正在日益成为人们健康生活方式的重要内容。

其二，该课程主要内容具有较强的吸引力。

“茶文化与茶健康”课程包含的内容有：茶的起源与影响；认识茶成分；万病之药：谈谈茶保健功效；茶鉴赏与茶质量鉴评；一泡一饮好茶香：从合理选茶到科学泡茶；因人喝茶：谈谈健康饮茶；解读中国茶产业；中国茶文化：茶意生活；中国茶·世界道等。概览全部内容可明显看出以下特点：一是充分体现茶学文理结合的学科特色，既包括茶的自然科学内容，又涵盖茶的人文历史知识；二是理论与实践密切结合，例如既讲解茶多酚、茶氨酸、咖啡碱等功能性成分的生物合成分解及其与品质形成的关系，又介绍如何科学合理地泡好一杯茶；既系统阐明六大基本茶类的

① 6种保健饮料：（1）绿茶；（2）红葡萄酒；（3）豆浆；（4）酸奶；（5）骨头汤；（6）蘑菇汤。

品质特征，又一一介绍鉴评各类茶叶质量的具体方法；三是贴近生活，贴近百姓，也就是贴近当前人们普遍关注的身体健康问题。喝茶对人体健康究竟有哪些作用？为什么喝茶对健康有好处？怎样才算科学饮茶，健康饮茶，文明饮茶？对这些问题，课程中都作了明确的回答。

其三，课程主讲人授课的感召力。

主讲人王岳飞、龚淑英、屠幼英三位教授都是浙大茶学系的中青年教师骨干，基础扎实，各有专长，经验丰富，备课认真，讲授时深入浅出，图文并茂，并做到网上互动，有问必答，氛围热烈，教学效果甚佳。

以上是我对“茶文化与茶健康”视频课一炮打响的肤浅分析，谨供参考。

日前，王岳飞教授告知，为了满足广大网友和读者学茶的热切期盼，“茶文化与茶健康”视频课内容已编辑成书，将由旅游教育出版社正式出版。这是一件很有意义的事，既有益于全面地普及茶文化和茶健康的基本知识，也有利于推动全民饮茶、科学饮茶、健康饮茶和文明饮茶。

我是一个学茶、爱茶、事茶、许茶一辈子的耄耋老茶人，前辈“振兴华茶”的“茶叶强国梦”正在逐步变为现实，今日又见茁壮成长的晚辈开拓出茶学教育的新领域，成绩斐然，故感慨万分，欣然命笔，涂写了几句肤浅文字，聊以为序。

刘祖生

2013.9.8.于华家池

目 录
CONTENTS

第四讲　茶鉴赏与茶质量鉴评 / 065

第一讲

茶的起源与影响

中国是茶之故乡，也是世界上最早种植茶、利用茶的国家。那么茶为何物？是如何被发现的，又是如何被利用的？茶是怎样演变成今天的泡饮？小小的一片茶叶又产生了什么样的影响？

中国是茶之故乡，也是世界上最早种植茶、利用茶的国家。本讲主要从生物学角度，解释茶为何物，包括茶的形态特征、茶叶是什么、茶有哪些化学成分等。同时，从“神农尝百草”开始介绍茶是如何被发现和利用的，又是怎样演化到今天的泡饮的，以及茶的传播路径。此外，也从文化、经济、社会等方面阐述了茶的深远影响。

一、茶为何物

茶，是中国人的举国之饮，如今已成了风靡世界的三大无酒精饮料（茶叶、咖啡和可可）之首。饮茶嗜好已遍及全球，全世界已有160余个国家或地区、30多亿人每天都在喝茶！

那么，什么是茶？依据植物学或生物学原理，我们可以从三方面去理解。

（一）茶树是什么样的植物

1. 茶树的植物学分类地位

茶的拉丁学名为*Camellia sinensis*，它的植物学分类地位是：

界　植物界（*Regnum Vegetabile*）
　门　种子植物门（*Sperma tophyta*）
　　亚门　被子植物亚门（*Angiospermae*）
　　　纲　双子叶植物纲（*Dicotyledoneae*）
　　　　亚纲　原始花被亚纲（*Archichlamydeae*）
　　　　　目　山茶目（*Theales*）
　　　　　　科　山茶科（*Theaceae*）
　　　　　　　亚科　山茶亚科（*Theaideae*）
　　　　　　　　族　山茶族（*Theeae*）
　　　　　　　　　属　山茶属（*Camellia*）
　　　　　　　　　　种　茶种（*Camellia sinensis*）

其中最为重要的是：茶树属于山茶科。

2. 茶树的形态特征

①茶树的形态特征包括很多方面，首先，是茶树树型，有灌木、小乔木和乔木之分（图1–1）。灌木型茶树（1.5～3米）：主干矮小，分枝稠密，主干与分枝不易分清，我国栽培的茶树多属此类；小乔木型茶树：有明显的主干，主干和分枝容易分别，但分枝部位离地面较近，如云南大叶种茶树；乔木型茶树（3～5米）：形高大，主干明显、粗大，枝部位高，多为野生古茶树。云南是普洱茶的发源地和原产地，在云南发现的野生古茶树，树高10米以上，主干直径须二人合抱。如果灌木型的茶树让它自然生长可以长到1.5～3米高，成为小乔木型茶树；小乔木型茶树可长到3～4米，向乔木型茶树发展；乔木型茶树也可通过栽培长到5米甚至更高；而野生状态的茶树可以存活上百年至千年，可以长得非常高。

图1–1 茶树不同树型

①灌木型 ②小乔木型 ③乔木型

②其次，茶树是一种多年生的常绿木本植物。何为多年生？像水稻、小麦的寿命只有一年，甚至不到一年，这种植物称为一年生植物；而茶树可以存活二年以上，称为多年生植物。茶树的叶一年四季都呈绿色，茶树称为常绿植物；而像枫叶，到秋季会变黄、变红，枫树不能称其为常绿植物。有人会经常问这样的问题，红茶是不是红的叶子做的？当然不是。红色的茶树叶子大部分情况下是看不到的，但是若冬天温度非常低，低到零下十几摄氏度，高山茶区的茶树叶会变红，这主要是茶树叶受冻引起的。

茶树是木本植物，它的寿命可达几百年。一般而言，茶树的经济学寿命是五六十年，但若将其种在地里，使其处于野生状态，它可以活一百年甚至几百年。人的寿命可能是100岁、108岁甚至120多岁，但是当我们到了60岁以后，我们的工作效率不高了，就要面临退休。茶树也是如

图1-2 西双版纳巴达野生大茶树（茶王）
从左至右为杨贤强教授、王岳飞教授、大益董事长吴远之先生

此，种在地里的茶树，60年后，它的产量会降低，或者品质下降，此时就要重新种植新茶树，这个叫茶树的经济学寿命。野生大茶树，它的树高可以达到几十米，寿命可以上千年。西双版纳巴达野生大茶树（茶王，图1–2），原来树高32.4米，后来被雷劈了一半，现树高14.7米，但仍活着。年轻人将来有机会去那边度蜜月，可以捡一些茶籽，或经当地人允许采几片野生茶树叶，这都是很好的纪念品。在云南的千家寨还有一棵2 700多年历史的茶王树（图1–3），树高25.6米，树幅22×20米，基部干径1.12米，胸径0.89米。

通常我们看到的人工栽培型的茶树树高1米左右，这是为了多产芽叶和方便采收。这种茶树，即使是灌木型的（图1–4），只要栽得稀一些，它也可以长到三四米高。中国茶叶博物馆有一块茶园叫嘉木园，是浙江大学茶学系和中国茶叶博物馆共建的一个标本园。它里面种了几百种的栽培型的茶树，

图1–3 千家寨2 700年历史的茶王树

图1–4 灌木型茶园

图1-5 顶芽

图1-6 腋芽

图1-7 不定芽

里面很多灌木型的茶树已经长到三四米高，它的树干有我们手臂这么粗。

③茶树属于高等植物，具有高度发展的植物体。茶树外部形态是由根、茎、叶、花、果和种子等器官构成一整体。其中，根、茎、叶是营养器官，花、果和种子是繁殖器官。

茶树的芽可以分成顶芽（图1-5）和腋芽（图1-6），还有不定芽（图1-7）。不定芽在我们修剪或者重修剪的时候可以起到茶树复壮作用。顶芽跟腋芽对茶叶产量贡献比较大。

茶树叶片（图1-8）的形态学重要特征有：第一，叶子周边有锯齿，一般有16～32对，且靠近叶片底部或基部无锯齿。如果你拿到一片叶子，它周边非常光滑，那肯定不是茶叶。第二，有明显的主脉，由主脉分出侧脉，侧脉又分出细脉，侧脉与主脉呈45°左右（45°～65°）的角度向叶缘延伸。第三，叶脉呈网状，侧脉从中展至叶缘2/3处，呈弧形向上弯曲，并与上一侧脉连接，组成一个闭合的网状输导系统。第四，嫩叶表面生茸毛（图1-9），如果这种细的茸毛多，具鲜爽味的氨基酸含量也比较多，做成茶叶就比较好喝。

茶叶的叶尖的形状也有很多种，有急尖、渐尖、钝尖和圆尖等（图1–10）。

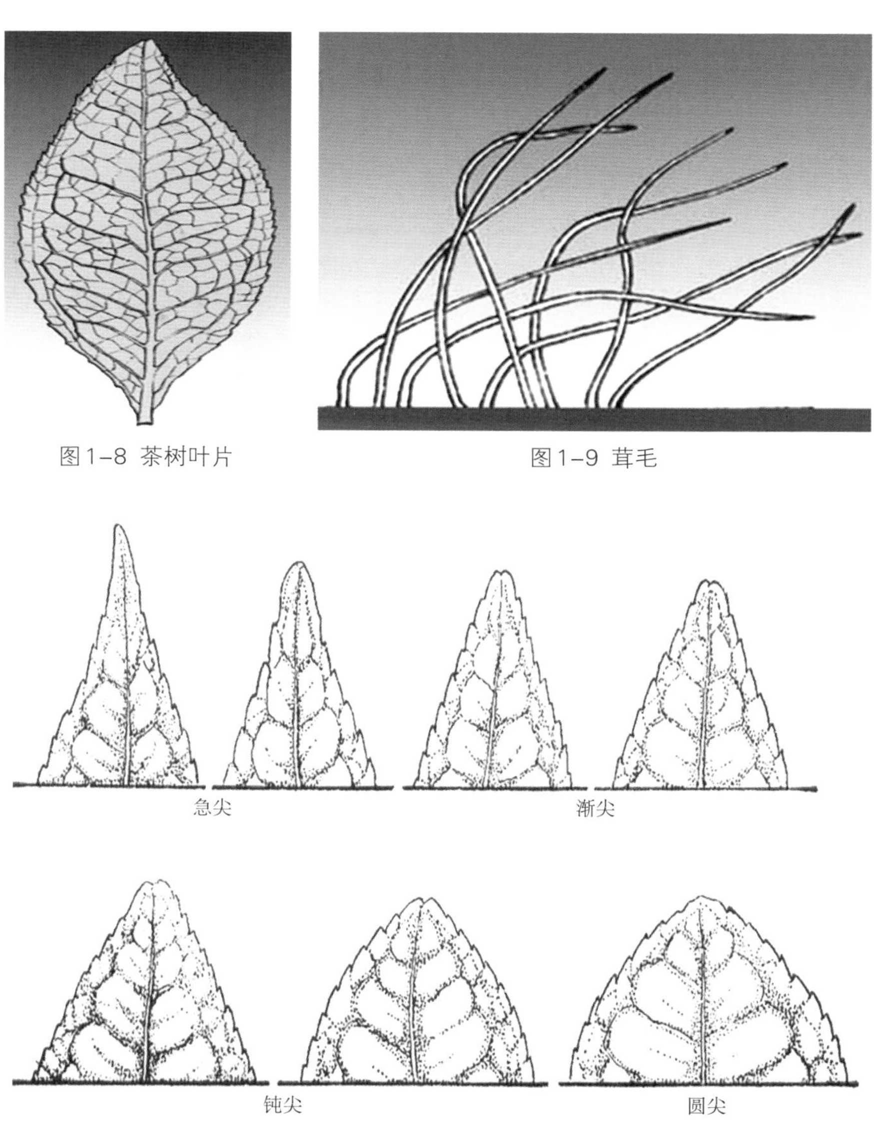

图1–8 茶树叶片

图1–9 茸毛

图1–10 叶尖形状

不同的茶树品种，甚至同一茶树品种在不同的栽培条件下，叶子的叶尖形状也会不同，但是茶叶底部的形状基本上是一样的。

叶片大小依品种不同差别很大，大的长度可超过20厘米，小的大概只有5厘米左右。通常，叶面积大于50平方厘米的属特大叶，叶面积为28～50平方厘米的属大叶，叶面积为14～28平方厘米的属中叶，叶面积小于14平方厘米的为小叶，所以大叶种和小叶种叶片大小相差非常大。适宜做绿茶的小叶种叶片成熟时可能只有两到三个指头大小，但云南大叶种成熟的叶片比我们整个手掌还要大。

茶树叶片形状，是以叶片长度与宽度的比例和叶片最宽处的部位不同来划分的，常见的有：椭圆形（2.0～2.5）、长椭圆（2.5～3.0）、卵形（2.0以下）、披针形（3.0以上）。

茶花为两性花，多为白色，少数呈淡黄或粉红色，稍微有些芳香（图1–11）。茶花的花瓣通常为5～7瓣。茶花开放的时间是10月份到来年的1月份之间，秋季花会比较多。茶花的颜色大多是白色的，自然界中最香的花的颜色我觉得也可能是白色的，就好比我们的人生，活得越简单的人越幸福。我们茶叶界习惯把漂亮女生叫茶花，男生叫茶渣。

图1–11 茶花

图1–12 茶果

花开好以后，到第二年的秋季，它会结很多很多的果。像龙井茶这种产区，芽叶比较贵，芽叶采得比较多，所以对花果不是很重视，但现在有些地方花果甚至比芽叶的效益更大。茶果为蒴果，成熟时果壳开裂，种子落地。果皮未成熟时为绿色，成熟后变为棕绿或绿褐色。茶果的形状也有很多种，这主要是因为果子里面的种子的个数、形状不同引起的，像单颗种子的就是球形的，三个种子的就是三角形的，也有五个种子的梅花形的等（图1–12）。

（二）茶指什么

我们通常讲的茶就是指山茶科的茶树的嫩叶和芽制成的饮料，它可以冷饮，也可以热饮。我们中国人喜欢热饮，但到其他地方如欧洲、美国等，你可能找不到热开水，这时就只能用冷水去泡，需花很长时间。

为什么是嫩叶和芽呢？有的茶友说乌龙茶、普洱茶的原料很老了，为什么还叫嫩叶呢？首先，采茶的标准是什么呢？杭州的西湖龙井一般采一芽一叶的比较多，而君山银针、四川的竹叶青、宁波余姚的瀑布仙茗一般采一芽，毛峰类的汤记高山茶、黄山毛峰可采到一芽一叶或者一芽两叶，炒青的可以采到一芽三叶或四叶，乌龙茶则采一芽四五叶，甚至对夹叶。所以采茶是没有统一标准的，这主要依据你将来要做什么茶。采茶一定是采当年新长出来的叶子，不会去采去年、前年老茶叶（只有越南民间采这种老叶熬煮很苦的茶水喝）。即使有时候看到乌龙茶和普洱茶原料很老了，但也是当年新长出来的叶子制作的。

那么，茶里到底有什么样的物质呢？茶叶为什么能喝，茶叶跟我们平常看到的树叶有何不同？不是所有的树叶都能喝，大部分树叶是不能喝的，茶叶喝了几千年，它为什么能喝？它里面一定有一些特殊的成分，那它到底有哪些特殊的成分呢？大家在喝茶的时候，往往第一个感觉是苦的，然后有涩的，如果喝到好的高山茶、喝到比较嫩的茶或者像一些白茶类会觉得很鲜爽，这些都表示茶叶里有一些特殊的成分，那这些成分到底是什么呢？其实主要是茶多酚、咖啡碱和茶氨酸，关于这三个特征性成分会在第二讲里详细介绍。

二、茶的起源

茶是中国对人类、对世界文明所作的重要贡献之一。今天，茶作为一种世界性的饮料，维系着中国人民和世界各国人民之间深厚的情感。我们探究茶的起源，其实有以下两方面的含义：茶的植物学起源，即茶树作为一种植物，它何时在地球上出现，以及分布在世界上哪些地区；茶的社会性起源，即茶作为一种可饮用的植物，是何时被人类发现并利用的。

（一）茶的起源地点

关于茶的起源，曾经经历了相当漫长的争论和论证。在相当长的时间里，世界上有些人相信茶起源于印度。这是因为从1933年到2005年将近70多年时间里，印度是世界上茶产量最多的国家；同时，西方人在印度发现了许多野生大茶树，因此他们推断印度很有可能是世界上茶的原产地。直到20世纪80年代后期，越来越多的证据显示，中国才是茶的原产地。这一观点已逐步得到世界公认。

现在，普遍认为中国西南地区的云贵高原是茶树起源中心，中国是世界上最早发现并利用茶叶、最早人工栽培茶树、最早加工茶叶和茶类最为丰富的国家。在世界上，中国是名副其实的茶的起源地和茶文化的发祥地。

茶树起源于中国，主要基于以下几点：

①全世界总共有24属380种山茶科植物，其中有16属260多种分布在我国西南部山区。我国西南部山区的山茶科植物相比其他任何国家分布最多，是世界上山茶属植物的分布中心。

②早在1 200多年前，我国西南部山区就有野生茶树的相关记载。如今，全国有10个省份约200多处地方相继发现野生大茶树，其中70%集中在云南（比如图1-13中的云南西双版纳勐海南糯山的古茶树林）、四川和贵州，在云贵高原，还发现了连片的野生大茶树。中国西南部山区的野生茶树，其类型之多、数量之大、

图1-13 云南西双版纳勐海南糯山的古茶树林

面积之广，是世界上罕见的，而这恰恰是原产地植物最显著的植物地理学特征。

③中国西南部山区的茶树类型丰富多样，有灌木型、小乔木型、大乔木型等；茶树叶子也有大有小，各种都有。因此它的种质资源是世界上最丰富的。这种形态、类型等种内变异的资源丰富程度是世界上任何其他国家和地区都无法比拟的。

④中国是迄今利用茶最早、茶文化最为丰富的国家。东晋常璩撰写的《华阳国志·巴志》中有“周武王伐纣，实得巴蜀之师……茶蜜……皆纳贡之”的记载，表明武王伐纣时，巴国人就已经把茶叶作为贡品进献了；西汉王褒《僮约》记载“烹荼尽具”“武阳买荼”，经考证，“荼”即我们现在常说的茶；此外还有六朝孙皓的“以茶代酒”、南北朝时期的“王肃茗饮”等非常著名的茶叶典故。

⑤茶树最早的植物学名是瑞典植物学家林奈定义的*Chea Sinensis*，即“中国茶树”，而英语中的Tea，其实就是“茶”的闽南语发音；法语中的Thé、德语中的Thee或Tee、西班牙语中的Té等都是从中国各地方言中“茶”音演变而来，茶的发音变化与贸易传播见图1-14所示。

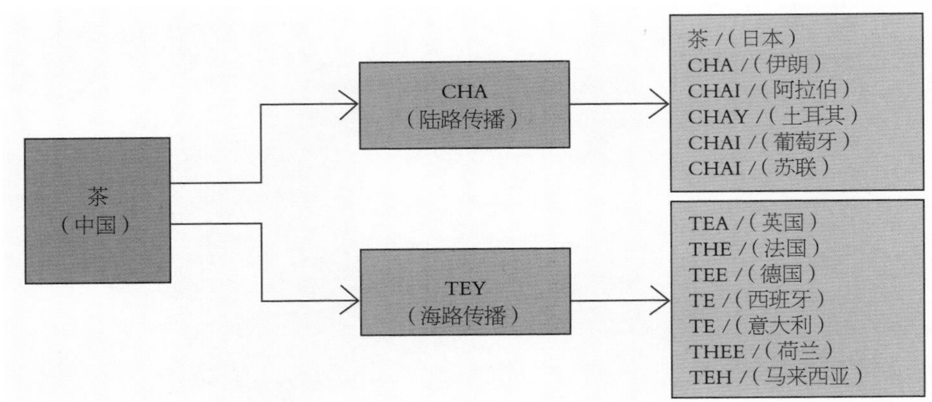

图1–14 茶的发音与贸易

⑥最后，茶叶生化成分特征也证实了茶起源于中国西南部。儿茶素是茶树新陈代谢的主要特征之一。一般来说，像纬度略低的云南、贵州等地茶叶的茶多酚含量较高，而像浙江、江苏等纬度略高的省份，茶多酚含量相对会低一些。但是，同时将不同纬度的茶叶制成绿茶来提取茶多酚成分的时候，低纬度地区得到茶多酚总量较高，但酯型儿茶素（特别是茶多酚中生物活性最强的单体EGGG）含量较低；而高纬度地区尽管茶多酚总量相对较少，但酯型儿茶素比例却很高。这种复杂的儿茶素正是在简单儿茶素的基础上进化而来的，而我国西部野生大茶树生化分析结果表明，其简单儿茶素比例比其他样品都高。

以上6个方面的事实都证明，茶树起源于中国，中国是茶的故乡！

（二）茶的起源时间

茶树在地球上的存在时间，至少有100万年，也有的说是300万年，甚至有的记载是6 000万～7 000万年。目前尚无定论。不过，我们在贵州发现了距今已有100万年以上历史的茶籽化石（图1–15），不难推断，茶叶起源的时间起码在100万年以上。

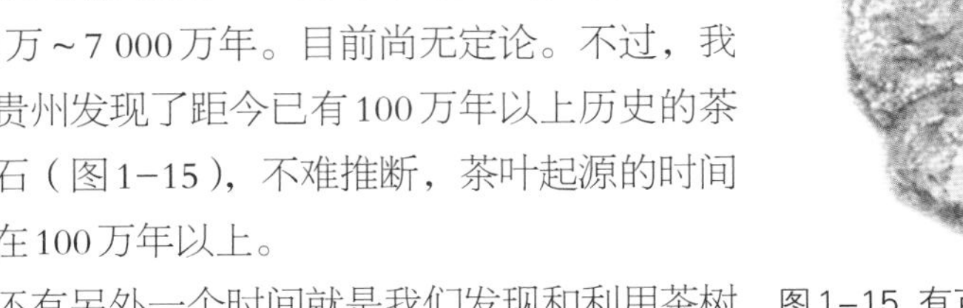

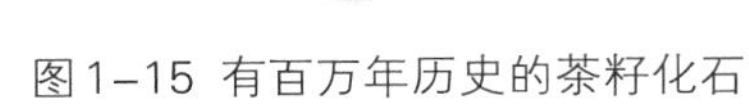

图1–15 有百万年历史的茶籽化石

还有另外一个时间就是我们发现和利用茶树

的时间也比较重要。我们认为人们发现和利用茶始于原始母系氏族社会，迄今有5 000～6 000年历史。浙江大学庄晚芳教授认为人们发现和利用茶可能超过10 000年了。众所周知，人类文明上下五千年，这是有文字记载的；而没有记载的上古时期，我们很可能也已经发现和利用茶了。因此，茶叶被人们发现和利用的历史基本上和人类的文明史是同步的。

（三）茶的发现者

关于茶最早是被谁发现并利用的，素来有许多传说，其中有两个最为经典。我国《神农本草经》记载：“神农尝百草，日遇七十二毒，得茶而解之。”神农是我国上古时期一个对中华民族贡献颇多的传奇人物（图1–16、图1–17）。他除了发明农耕技术，还发明了医术，制定了历法，开创九井相连的水利灌溉技术等。神农氏名号即因他发明农耕技术而来。传说神农一生下来就是个“水晶肚”，几乎是全透明的，五脏六腑全都能看得见，还能看得见吃进去的东西，而且一旦吃到有毒的食物肠子就会变黑。古时人们经常因乱吃东西而生病，甚至丧命。为

图1–16 神农像

图1–17 神农采药图

图1-18 达摩面壁图

图1-19 陆羽

图1-20《茶经》

此，神农氏就跋山涉水，尝遍百草，找寻治病解毒良药，以救夭伤之命。有一天他吃了72种有毒的植物，肠子变黑了，后来又吃了另一种叶子，竟然把肠胃里其他的毒都解了。神农就把这个东西叫做查（音通我们现在所说的茶），这就是“神农尝百草得荼而解之”的传说。可见，茶最早是被作为药用而引入的，具有很强的解毒功效。

还有一个比较著名的传说，是《大英百科全书》里面记载的“达摩禅定”的故事。传说六朝时期达摩自印度来到中国，立下九年面壁禅定的誓言，前三年达摩如愿以偿，但终因体力不支以至于熟睡，醒来后达摩怒极割睑。不料被割下的眼皮竟生出小树，枝叶繁茂，将树叶置于热水中浸泡，可饮，且消睡。最终达摩兑现了九年禅定的誓言（图1-18）。这个传说暗喻了茶具有提神的功效，非常符合茶的药用价值，但是故事年代发生在六朝，时间太短，不符合事实。

与茶叶发现和发展有关的重要人物，其一为神农，另一个则是陆羽（图1-19）。有这么一句话“自从陆羽生人间，人间相学事新茶”，所以今天茶学系的存在可能也是陆羽的功劳。唐时，陆羽《茶经》问世。《茶经》（图1-20）是中国乃至世界现存最早、最完整、最全面介绍茶的第一部专著，被誉为“茶叶百科全书”，是一部关于茶叶生产的历史、源流、现状、技术以及饮茶技艺、茶道原理的综合性论著，是一部划时代的茶学专著，使茶文化发展到一个空前的高度，标志着中国茶科学的形成。《茶经》概括了茶的自然和人文科学双重内容，探讨了饮茶艺术，把儒、道、佛三教融入饮茶中，首创中国茶道精神。就是陆羽《茶经》问世以后，人们才把茶作为一门专门的学问去研究，所以他对茶的贡献非常大，被称为“茶圣”。

《茶经》的问世，也慢慢地使我们从物质层面的柴、米、油、盐、酱、醋、茶，转移到精神层面琴、棋、书、画、诗、酒、茶，茶也慢慢地成为一种精神饮料。客来敬茶、以茶待客成了中华民族的一个传统礼俗和风尚，已成为社交上的礼仪。

因此，我们发现，茶叶在被人们认识和利用的过程中，主要经历了四个阶段：第一个阶段为药用，第二个阶段为菜食，第三个阶段用于汤煮，第四个阶段才是现在流行的冲泡品饮。不过现在国内很多城市的好茶客喜欢返璞归真，体验以前的茶叶使用方法，不断体验这四个阶段带来的乐趣。

关于中国最早栽培茶树的人，有文字记载的是吴理真（图1-21）。吴理真，西汉严道（今四川省雅安名山县）人，号甘露道人，约公元前200—前153年间，家住蒙顶山之麓，道家学派人物，先后主持蒙顶山各观院。吴理真被认为是中国乃至世界有明确文字记载最早的种茶人，被称为蒙顶山茶祖、茶道大师、“甘露大师”。

总的来说，“茶之为饮，发乎神农氏，闻于鲁周公”。兴于唐，盛于宋，元明清百花齐放，盛极一时。如今茶叶更是被推为国饮。中国的茶类之多、饮茶之盛、茶艺之精妙，堪称世界之最。

图1-21 中国植茶始祖吴理真

三、茶的影响

（一）茶与茶饮

茶，源于中国，传播于世界。茶是世界性饮料。现在全世界五大洲有160多个国家和地区有喝茶习惯，有150个国家和地区要进口茶叶，有60多个国家和地区种茶叶，有30多个国家和地区能够出口茶叶，所以茶叶遍布五大洲。茶叶消费人群庞大。现在每天喝茶的人有30多亿，占了世界人口一半左右，全世界一天喝茶超过30亿杯。可以这么说，茶叶行业举世瞩目，几千年来经久不衰。茶，是人们“一日不可无之物”。开门七件事：柴、米、油、盐、酱、醋、茶。在中国现在很多的少数民族地区，像青海、西藏、新疆这一带，很多人还“宁可三日不吃饭，不可一天不喝茶”。茶不仅是一种饮料，更多的是一种清静、静心的精神象征。历经千年，茶已经渗透到中国人生活的各个层面。

欧美人士其实对茶的理解也非常好。他们觉得茶是一种可以让人产生智慧的饮料，对思考问题、进行写作乃至朋友间交谈随时保持良好的气氛都有帮助。但是他们对中国茶有误解，他们觉得中国茶功能非常好，但不好喝。为什么不好喝？因为我们卖给他们的茶叶都是比较便宜的茶叶。所有的农产品都是好的外销，差的自用，只有茶叶相反——好的自用，差的外销。他们对茶叶好坏的评价标准是根据茶里面的理化成分，我们是根据茶叶评审，他们觉得5 000块的茶叶跟5块的茶叶理化成分相差不是很大，所以他们宁可买5块钱的茶叶。现在中国有1/4的茶叶是出口的，但平均价格只有两个多美金一公斤。所以将来我们出口希望能够把相对好的茶叶介绍给外国人，那么我们的茶叶效益会更大。

（二）茶与文化

其一，茶是地域文化，具有地域的象征和标志功能，比如云南普洱茶、杭州龙井茶、黄山毛峰茶、婺源茗眉茶、台湾乌龙茶等。其二，茶是饮食文化，清·顾炎武《日知录》记载“自秦人取蜀以后，始有茗饮之事”。如今，茶饮、茶食、茶品、茶点等更是社会饮食的组成部分，具有交友、会客、养心等多种功能。其三，茶是乡村文化，茶文化的形成与乡村文化密切相关，已渗透到乡村的社会生产和生活领域，以茶歌、茶诗、茶词、茶画等为载体，通过乡村性地方戏剧、民间曲艺、传统手艺、传说传奇、茶礼仪式、民族茶事等加以体现。其四，茶是健康养生文化，茶具有饮用、医疗等多种功能。陶弘景《杂录》记载“茗茶轻身换骨”，《食忌》中称赞“苦茶，久食羽化”，品饮茶汤更是“沁人心脾，齿间流芳，回味无穷”，现代医学也表明，茶中所含的有益成分将近500多种，具有延缓衰老、抑制心血管疾病、预防和抗癌等多种健康养生功能。其五，茶是中国传统文化的集中体现，中国茶文化糅合了中国儒、道、佛思想，自成一体，是中国文化的一朵奇葩，芬芳而甘醇。这在第八讲、第九讲中将详细论述。

“乱世喝酒，盛世喝茶”。纵观中国历史，唐宋元明清，太平盛世的时候，喝茶的就非常多。如《红楼梦》的前半部分，社会比较太平，里面描写喝茶的非常多，大概有300个地方是描写喝茶的；而《水浒传》和《三国演义》处在社会比较动荡的时候，酒文化比较发达。现在，北京、上海、杭州等经济相对发达的地方，茶文化发展得比较好，茶馆开得比较多，茶的消费量也比较大。中国人还提倡以茶代酒。因此，我们建议，不抽烟，少喝酒，多喝茶，喝好茶：这是当今推崇健康生活的行为集合模式。

（三）茶与产业

中国是茶的原产地，也是最早进行茶叶商品化生产的国家，几千年的种茶史，几千年的饮茶史，茶在中国民生中有着特殊地位。如果从茶“发乎神农氏”算起，5 000多年的漫长历史，茶已经深深地融入中国人的生活当中。在过去，粗茶淡饭就是一种民生底线，也是一直以来中国人的一种生活态度，茶在中国已真正成为人们休养生息不可或缺的一种东西。茶喜温湿，适合山地丘陵种植，尤其在南方偏远的山区，茶叶无疑成了当地农民生活的支柱。茶业的发展对农业发展、农村经济改善、农民增收致富具有重要作用。正因为如此，茶叶从云南、四川等地贩卖到西藏、新疆甚至印度、缅甸、伊朗、土耳其等南亚、西亚和东南亚国家，成就了历史上有名的“茶马贸易”“茶马古道”“陆上丝茶之路”等；同时茶叶从江浙皖闽湘鄂边缘山区流通出去，成就了历史上极负盛名的“徽商”“晋商”文化，像《茶人三部曲》里的吴家、《乔家大院》里的乔家就是茶商。茶叶又通过海路传播到英国、荷兰等欧洲国家以及北美，在当时给中国创造了丰厚的外汇收入。孙中山先生在其著作《建国方略》《民生主义》中多次提到茶产业与民生之间的重要关系。自18世纪20年代起，茶叶出口货值占中国出口货值比重已超过丝绸等丝产品，成为中国外贸的核心商品。19世纪，茶叶贸易价值占中国出口总值的比重平均在50%左右，茶叶是中国出口创汇第一位的产品。而且中国长期垄断世界茶叶市场，在19世纪70年代前，中国仍然提供了世界茶叶消费量的90%，是世界最主要的茶叶生产国。鸦片战争正是在这样的贸易背景下所引发的。在这之后英国在其殖民地开辟茶园，把茶种和制茶技术偷去印度和锡兰，印度、锡兰（斯里兰卡）的茶叶逐渐发展壮大，而中国因战乱茶业大为受挫，逐渐失去了对外贸易中的主导地位。新中国成立前，由于连年战乱，茶业和茶文化也相应地衰落。

新中国成立后，是中国茶业长足的发展期。特别是改革开放之后，中国的茶业迅速发展，中国的茶文化恢复和兴起。如今，茶作为种植面积首屈一指的重要经济作物，我国目前产茶省市区有18个，茶叶及其相关产业年GDP总值超过1 000亿元，有8 000万人涉足茶业。茶叶是当前农业产业中具有突出比较优势的农产品，茶叶生产能够快速、直接、有效地帮助农民增加收入；茶业是主要产茶区的主导和优势产业。当今的茶产业包括与茶产品生产、加工、经营、销售、流通、管理等相关的企业、管理者、生产者个体等经济活动主体的集合。中国茶产业涉及三大产业：①第一产业农业，包括农场，茶场，各初制、精制厂，其中大型国营精制厂属轻工业管理机构管理，是中国茶叶传统产业的基础，生产中国六大茶类的初、精制产品，现仍然是产业的支柱，2009年总产值约410亿元。②第二产业食品轻工业，20世纪70年代出现的速溶茶、80年代出现的茶饮料和90年代出现的茶叶浸提物，包括茶多酚、咖啡碱、茶色素等时尚产品，发展迅猛，已占半壁江山，2009年总产值约450亿元。茶的第二产业发展和增值的潜力非常大，也是传统茶叶产业向食品、医药、日化行业延伸的必由之路。从第一产业向第二产业延伸，在产值上会有明显的增长。以茶饮料为例，目前全国以5万～6万吨的中、低档茶为原料，加工成茶饮料后的产值达400亿元以上，也就是以总产量5%的茶叶做原料，创造了茶产业总产值45%～50%的产值。在日本，以茶多酚为原料开发的终端产品每年创造了数以百亿美元计的产值，前景辉煌。③第三产业茶馆、茶餐饮、茶吧等服务行业，通过服务行业传播茶文化，繁荣市场，目前产值约140亿元。

中国茶的总体规模已经达到1 000多亿元人民币，有2 000万人是完全靠茶叶吃饭的，所以茶产业是一项很重要的民生工程，它虽然对国家GDP的贡献已不及从前，但它对老百姓的生活贡献会非常大。浙江省一亩茶园的收入平均大概5 000元钱，有些地方更高一点，像新昌地区一年可能每亩收入接近1万元，松阳这些地方都超过6 000。我觉得全国经营得最好的一个茶厂可能是浙江临海羊岩山茶厂，该茶厂生产羊岩勾青（图1–22）。这里1 500亩山地开辟成茶园，它现在产值已经超过4 000万，一亩地30 000多元钱。这里不仅效益好，最重要的是它周边的13个村的农民全部在这里打工，一家男女老少除了出去读大学、工作的以外，全部在这里上班。男的每月工资3 000元，女的每月2 000元，他们一年四季家人都团聚在一起，这让我觉得他们过得非常幸福。现在其他地方的农民，可能父母亲跟小孩的见面时间一年只有半个月，在外奔忙的人千里迢迢赶回家团聚，产生了世界上最大规模的人口移动“奇观”；还有中国有很多的留守儿童的问题，这个问题在羊岩山就没有了，所以我觉得这个可能是将来我们城镇化的一个方向。

图1–22 浙江临海羊岩山

茶知识漫谈

★ 茶树上“花果相见”的现象

茶树一般在6～7月份开始花芽分化，形成花蕾，继而开花、授粉、结实。从花芽分化到开花需要100～110天。茶花授粉后子房开始发育，如遇到冬季低温便进入休止期，第二年再继续生长发育，到秋季果实才成熟。从花芽形成到果实成熟，约需要一年半时间。所以，每年10月前后，一方面是当年花芽分化成熟开花，另一方面是上年果实发育成熟，因此出现“花果相会”的现象。这是茶树生物学特征之一。

★ 茶籽能榨油做食用油吗?

茶籽能榨高级食用油的说法是对的。茶籽含油量平均为24%～25%。茶籽油属于不干性油，其脂肪酸主要由油酸、亚油酸、棕榈酸等组成，另外还有少量的亚麻酸、豆蔻酸、棕榈油酸等。茶籽油与橄榄油、花生油、油茶油极其相似，而且比油茶油、橄榄油更富含亚油酸。

★ 油茶树和茶树是同一种树吗?

油茶树与茶树不是同一种树。油茶是茶的同属近缘植物之一，二者均属于山茶属，但种不同。油茶多为小乔木，叶片厚，结实性强，果皮厚，种子锥形，是重要的木本油料植物。茶籽中高含量的具有溶血作用的茶皂素在榨油过程中留在饼粕中，况且人类吃用茶皂素不会与血液直接接触，而不像冷血动物（如鱼类）那样产生溶血毒性。

★ 茶树年周期可以生长几轮?

茶树随着年周期中季节气候的变化，表现出生长和休止互相交替的进程。交替情况以及生长、休止时间长短，则依品种和外界条件而变。在年周期中，由于生长、休止的交替性，因而形成了新梢生长的轮次性。从全年看，在我国大部分茶区条件下，自然生长茶树新梢可发2～3轮，采剪条件下可达4～6轮，或者更多，如海南省可达8轮。

图1-23 连战在老舍茶馆喝茶

★ 对“茶为国饮”的期待

茶是一种国饮，是天然保健品，是我们这个世界的“饮料之王”。可乐在中国的消费时间可能接近100年了，而中国茶饮料从1997年开始销售，至今它的销售量已经超过可乐、雪碧这些碳酸饮料，而且它发展的势头会越来越快。现在茶饮料的销售量可能仅次于矿泉水跟纯净水，比其他饮料都多。

现在中国国际茶文化研究会一直在呼吁“茶为国饮”，而且已经作为一种提案，提交给全国政协了。现在农业部、全国供销合作总社都在认真地讨论“茶为国饮”这个议题，将来有望在法律层面给予定案。

图1-24 奥运五环茶

★ 身边茶事

图1-23是连战第一次来大陆，中央领导人请他到北京的老舍茶馆喝浙江大佛龙井的情形。

接下来的图片是一些茶艺表演的图片，也是跟我们的生活息息相关的。图1-24是2006年全国茶艺师团体比赛的第二名“奥运五环茶”；图1-25是在

图1-25 第十三届国际无我茶会

台湾举办的第十三届国际无我茶会的照片，浙江省去了60多位茶友，我是团长；图1–26是2010年浙江省茶艺比赛丽水地区的茶艺参赛选手，她们已在全省比赛中分别获得第二名和第四名。

图1–26 2010年浙江省茶艺比赛选手

还有茶跟我们敬老的社会传统美德也结合得比较密切。浙江省每年都会办一个敬老茶会（图1–27），邀请杭州市60岁以上的离退休的老茶人参加，而我们浙江省茶叶学会每年都会请他们喝一次新上市的明前茶叶，这个已经成为一种传统了，至今（到2012年）连续办了十六届了。

图1–27 浙江省敬老茶会

★ **茶清心，可也**

茶跟我们的文化生活关系非常密切。图1–28显示茶文化的一个小游戏，从“茶”字开始，从不同方向念所表达的意思是相通的。

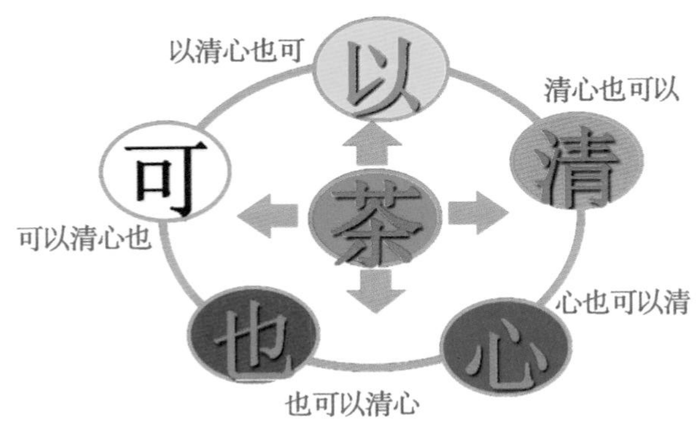

图1–28 茶可以清心也

第二讲

认识茶成分

“柴米油盐酱醋茶”，饮茶融入了我们日常生活。那么，饮茶到底在饮什么？茶里面到底有些什么成分？茶叶到底有多少类，是怎么划分的，这些不同类的茶又有什么区别？环境对于茶叶品质的形成重要吗？

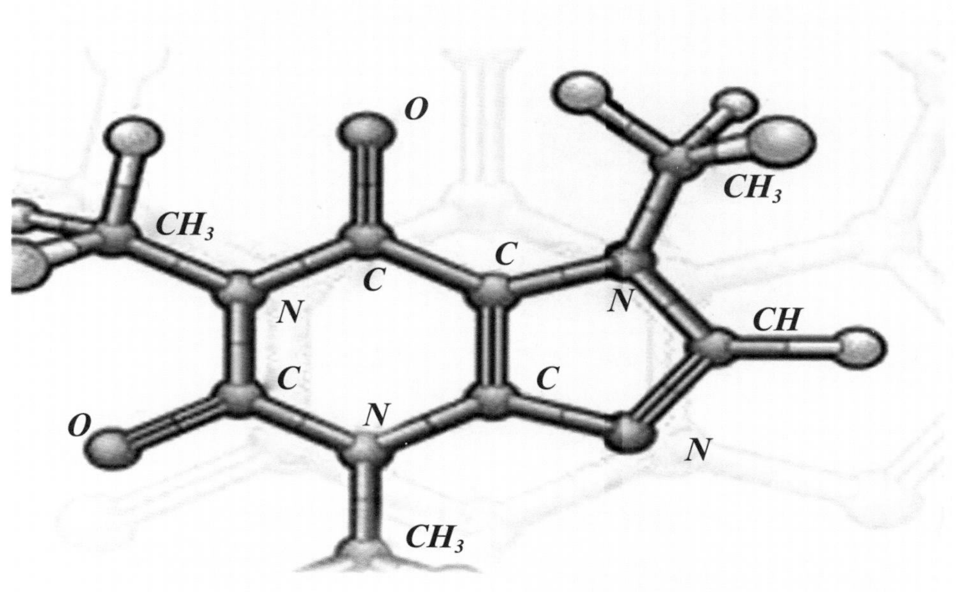

茶叶中含有700多种化学成分，它们形成了茶叶特有的色、香、味，而且对人体营养、保健起着重要作用。茶叶中主要的功效成分有茶多酚、茶色素、咖啡碱、茶氨酸、茶多糖、有机酸、维生素、芳香物质、水溶性膳食纤维以及矿物质元素。

一、茶叶中的化学成分

大家看一下整个茶叶化学成分的总表（图2-1）。

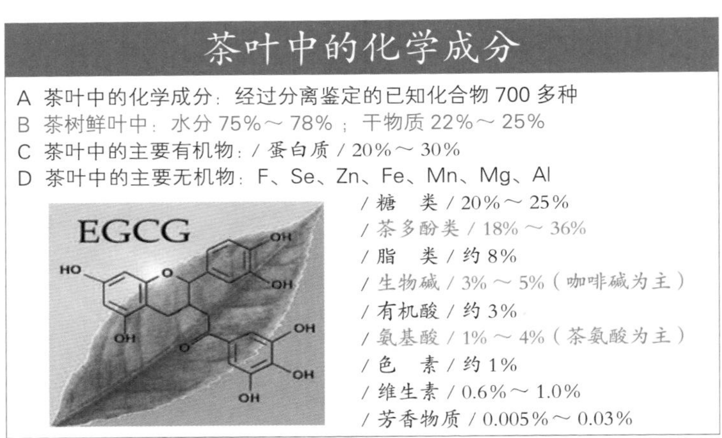

图2-1 茶叶中的化学成分

这个图表明了三层意思。第一层意思是茶叶里面现在已经分离鉴定的化合物有700多种，化学成分种类非常的多。

第二层意思，我们看到别人在采茶叶或者炒茶叶你可能会问他（她），几斤鲜叶做1斤干茶？4斤左右鲜叶做1斤干茶。为什么？因为鲜叶中水分占到3/4，干物质占1/4，就是水跟干物质的比例刚好是3∶1左右，这就是4斤鲜叶做1斤干茶的化学原理。茶叶做成干茶以后不是一点水分都没有了，一般名优绿茶的含水率做到5%到7%。

第三层意思，就是说在茶叶700多种成分里面，含量最多的就上面这十几类。大家看一下蛋白质含量是多少，20%到30%。糖类中主要是纤维素，有20%到25%。第三类含量比较多的就是多酚类，茶多酚含量为18%到36%。脂类含量为8%，生物碱含量为3%到5%，氨基酸含量为1%到4%。这里我希望大家记牢图2-1打红字的这三组数字，给它记牢。

第四层意思，就是说茶叶含有丰富的微量元素，由于我们用的是嫩茶而非老茶，所以可能引起毒副作用的F、Al在剂量上不构成威胁。

我们把这700多种成分、十几类分成4个层面去理解。

（一）产量成分

产量成分是什么意思？就是我们这一亩地有多少茶叶产量，这个产量里面到底是什么成分？就是含量最高的这四种：蛋白质、糖类、茶多酚和脂类，这四类加起来含量超过了90%。20世纪80年代以前我们出口茶叶，我们对一亩地的考核指标就是产量，那时候因为是统一收购、统一管理、统一销售，没有名优绿茶，所以这个产量是最重要的。那么到90年代以后，到今天中国的名优绿茶发展得非常好，名优绿茶不讲产量。2012年的西湖龙井市场拍卖价最贵多少钱一斤？30 000元一斤。我们出口的珠茶多少钱一斤？就五六元一斤。西湖龙井30 000元一斤的利润大概有多少？我觉得应该有25 000块钱是利润。那么珠茶如果卖到30 000块钱，它的利润可能只有250块钱。所以到今天这个时代品质比产量更加重要。所以我们讲的这个产量成分，即主要四类成分含量增加了，茶叶产量就高了。

（二）品质成分

品质成分，指影响茶叶品质的成分，包括色（叶绿醇、胡萝卜醇、酚类）、香（芳香物质）、味（多酚类、氨基酸类、生物碱类）。但是你说哪一个成分高品质就好呢？品质成分一定要讲究它的比例的协调关系。就像我们一个人的五官，你说鼻子最大的最漂亮还是眼睛最大的最漂亮？五官也要讲究这个比例。有的人说女生眼睛大比较漂亮，杨贤强教授给我们举个例子，倾国倾城整体美，无人独赏眉。如果这个女生的眼睛大得比牛眼还大，她还会漂亮吗？所以茶叶品质就是这个关系，看它各成分比例是不是协调。茶叶色泽、香气、滋味等不同内质由不同的化学成分决定，这个在茶叶品鉴里面我们专门再讲。

（三）营养成分

很多人问我们茶叶中是不是营养成分很多？我们跟人家讲茶叶里面有很多的营养成分（图2-2）。这句话我觉得只对了50%，为什么？营养成分就是拿来维持生命的，我们不吃饭光喝茶水能不能活？不能。不吃饭喝白开水能活7天，如果喝茶水呢？可能再加1天延长到8天。从这个层面去理解你说茶叶里的营养成分多不多？不多，它不足以让我们维持生命。但是你如果把茶渣也吃了，那你可能会活下来，但是也不会活得太好。所以它的绝对量及营养成分并不是太多。但是我为什么说它对了一半呢？茶叶里面的营养成分的种类非常丰富，大家看一下七大食品营养素、六类人体必需的营养素，茶叶都有。所以我们喝茶可以补充一点点的营养，但是维持生命是不行的。

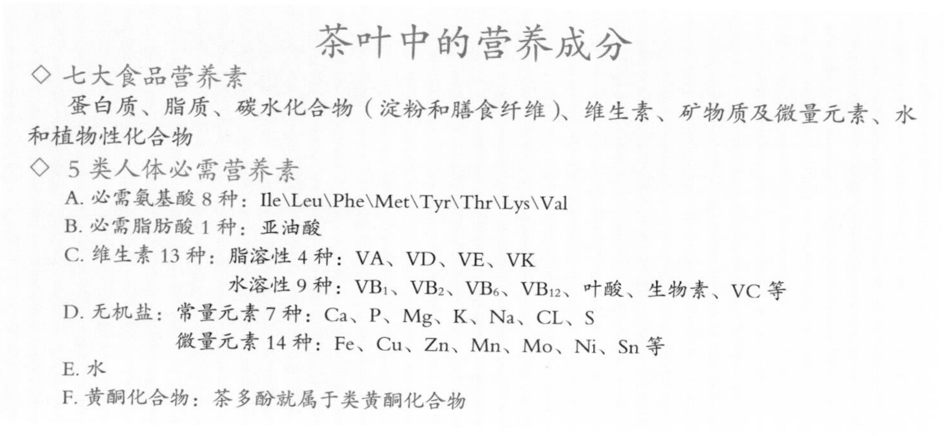

茶叶中的营养成分

◇ 七大食品营养素

蛋白质、脂质、碳水化合物（淀粉和膳食纤维）、维生素、矿物质及微量元素、水和植物性化合物

◇ 5类人体必需营养素

A. 必需氨基酸8种：Ile\Leu\Phe\Met\Tyr\Thr\Lys\Val

B. 必需脂肪酸1种：亚油酸

C. 维生素13种：脂溶性4种：VA、VD、VE、VK

水溶性9种：VB_1、VB_2、VB_6、VB_{12}、叶酸、生物素、VC等

D. 无机盐：常量元素7种：Ca、P、Mg、K、Na、CL、S

微量元素14种：Fe、Cu、Zn、Mn、Mo、Ni、Sn等

E. 水

F. 黄酮化合物：茶多酚就属于类黄酮化合物

图2-2 茶叶中的营养成分

（四）功效成分

我们喝茶主要是为了什么呢？我们喝茶最主要的目的并不是为了维持生命，

也不是为了补充营养，主要是获取茶叶里面的功效成分。什么是功效成分？功效成分的意思就是通过激活体内酶的活性或者其他途径调节我们身体机能，就是喝茶的主要目的不是为了摄入营养，而是为了促进我们身体的健康，让我们不生病或者少生病或者已经生病把你身体调整回来，这是我们喝茶最重要的目的。以上即是我们对茶叶产量成分、品质成分、营养成分和功效成分四个层面的理解。到今天为止我觉得功效成分是最重要的成分，我们现在研究的茶多酚、咖啡碱、氨基酸是最具有现实应用价值的功效成分。

二、茶叶中的特征性成分

我们着重讲讲茶叶中的特征性成分，茶多酚、咖啡碱和茶氨酸，都是被叫做特征性成分的物质。什么是特征性成分？我觉得至少有三个要求：第一个要求就是这些成分是茶叶里特有的，其他植物里没有或者是其他植物里含量很少而茶叶里含量是非常高的。就像咖啡碱咖啡里也有，不是茶里特有，但是咖啡里含量没有茶叶高。第二个要求它一定要具水溶性，如果我们用沸水去泡茶还泡不出来，那我们就喝不到，它就不能被叫做特征性成分。第三个要求是溶于水里面我们喝进去以后身体有生理反应。我们喝茶能提神是由于咖啡碱的功效，喝茶能够防止心脑血管疾病是茶多酚的功效，喝茶甚至让我们安神、让我们心里更平静是茶氨酸的功效，就是不同的特征性成分让我们有不同的生理反应。接下来我们把每个特征性成分给大家讲一下。

（一）茶氨酸：提高免疫力

这里面有两个名词：一个是我刚才讲到的茶氨酸，还有一个叫做茶树氨基酸，这两个是不一样的概念。茶树氨基酸指茶叶中含有的全部26种氨基酸，其中20种是跟蛋白质有关的氨基酸，叫做蛋白质氨基酸；还有6种跟蛋白质合成无关的氨基酸我们叫做非蛋白质氨基酸。茶叶里更重要的是这6种，这6种里面最重要的就是茶氨酸，所以茶氨酸是氨基酸里面的一种。为什么茶氨酸是所有氨基酸中最重要的？第一点它的含量最高，茶氨酸含量占整个26种氨基酸总量的70%以上，茶叶里绝大部分氨基酸是茶氨酸；第二点茶氨酸的鲜爽味刚好是我们想要的味道，我们味精是什么成分？谷氨酸、谷氨酰钠，茶氨酸刚好跟味精的味道是一样的；第三点茶氨酸刚好可以给我们想要的生理反应，让我们身体更好，所以茶氨酸最重要。我们刚才讲了品质成分，不是哪种单个成分决定这个茶叶品质的，对某一种茶类或者对某一些茶叶比如说绿茶可以认为氨基酸或者说茶氨酸含量高的茶叶品质就是好的。尤其在出口绿茶中，我们设定的级别从一级、二级、三级、四级、五级到六级测定它的氨基酸含量，含量越高它的级别越高，它的相关系数是0.987，完全成反比，所以氨基酸非常的重要。提取出来的茶氨酸跟我们味精的颜色差不多，白色的针状结晶，具有焦糖香和类似味精的鲜爽味。

那么，它有什么功效呢？它能够显著提高机体免疫力，抵抗病毒入侵。2003年SARS爆发以后，哈佛大学科学家在世界上有名的一本杂志上发表了一篇论文说中国绿茶里面含有比较多的茶氨酸，能够抵抗病毒，防止SARS，所以建议很多患者喝绿茶。茶氨酸能够起到镇静作用，长期喝茶的人觉得心很静，就是茶氨酸的功劳。茶氨酸还能够增强小朋友的记忆力，增强智力，对女生的经期综合征以及肝脏的排毒都有很好的功效，所以茶氨酸的功能非常多。现在可以把茶氨酸开发作为药品或者保健品最有价值的一个方面就是改善睡眠。

哪些茶类里面茶氨酸含量会比较高呢？六大茶类里面总体来讲白茶和绿茶这两个茶类比较高，绿茶里面高山茶又比较高，而茶芽变异白化的安吉白茶的茶氨酸含量最高。图2-3是安吉白茶。氨基酸在一般绿茶里面含量一般是多少？1%到4%；安吉白茶这个品种里面可以有6%到9%，会高很多倍。

（二）咖啡碱：提神益思

第二类特征性成分是咖啡因，也叫咖啡碱。为什么叫咖啡碱？跟咖啡肯定有关系，对不对？咖啡碱对人体具有提神益思、强心利尿、消除疲劳等功能。我们讲喝茶使人精神百倍，以前喝茶的主要目的是为了提神，主要就是这个生物碱的功能。在茶叶里面最重要的生物碱就是三种——咖啡碱、可可碱和茶叶碱。茶叶里面咖啡碱最多，茶叶碱的含量只有它的千分之一都不到。中国人以前把咖啡碱叫做茶素，什么意思呢？他们觉得茶叶里最重要的成分就是咖啡碱，所以把它叫做茶素。现在我们研究下来发现还有比茶素更重要的成分就是茶多酚。大家觉得茶素前面加一个什么字比茶素更重要？是“儿”。为什么“儿茶素”比“茶素”更重要？儿子比自己更重要对不对？中国传统中尤其当爸爸妈妈的知道，小孩子比自己更重要，所以儿茶素比茶素更重要。那么它为什么叫咖啡碱？因为这个成分它最先是在咖啡中被发现的，按惯例，最先在哪个物种中发现就冠以该物种为俗名，所以被叫做咖啡碱。但是你去看一下它的含量，茶叶里面咖啡碱的含量比咖啡豆里还要高好几倍。咖啡豆里咖啡碱含量为1%到2%，茶叶里咖啡碱含量是2%到5%，它的名字最好应该叫茶叶碱，但是因为100多年前西方的化学水平比我们要发达一些，这类成分最早是在咖啡中被发现的，所以叫做咖啡碱，如果现在允许我们把它名字改过来，它应该叫做茶叶碱更合适。自然界中含量最多的咖啡碱在茶叶里面，不是在咖啡里。咖啡中的咖啡碱是在咖啡豆里，叶子里咖啡碱含量几乎没有，所以我们可以把这个成分作为茶的特征性成分，也就是说检测这个叶子里面有没有咖啡碱，如果有的话基本上可以判定是茶叶，如果这个含量超过0.1%或者0.2%基本上就是茶叶了。那么怎么样通过咖啡碱去鉴别真假茶呢？我们首先要了解一下咖啡碱到底有什么性质（图2-4）。

图2-3 绿茶之安吉白茶

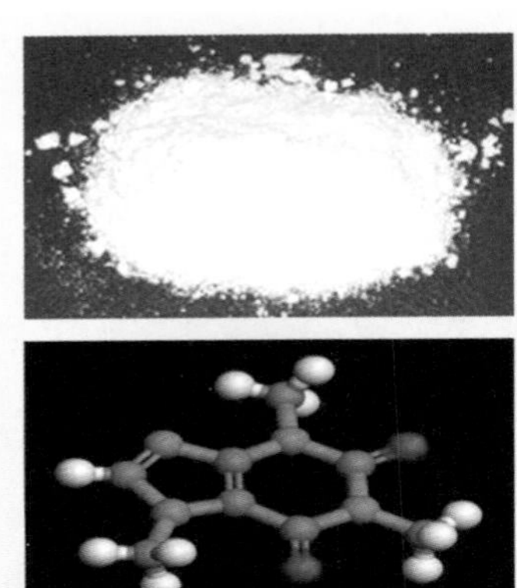

图2-4 咖啡碱的性质

第一个性质就是白色的绢丝状的结晶，和盐、味精看起来差不多。

第二个性质是溶解性，咖啡碱非常容易溶解在热水里面，它溶解在热水里面的速度比其他特征性成分茶氨酸、茶多酚都要快得多。我们如果用1分钟、2分钟、3分钟一直到10分钟每分钟去测定它浸出的含量，前一分半钟它可能60%～70%就泡出来了，其他成分只泡出来1/3，这是它的第二个很重要的性质。

第三个性质是升华，咖啡碱是固体，固体直接变成气体叫做升华。在热的作用下咖啡碱会在茶叶里升华出来，它碰到冷空气就会结晶下来。这里我教大家做一个非常简单的实验，你拿一个杯子，最好不用玻璃杯，搪瓷杯最好，取一把茶叶放在瓷杯里面，茶叶越便宜越好，不要拿5 000块钱一斤的茶叶，下面用电炉去烤，几分钟以后茶叶烤焦，你会发现杯壁上有很多像味精一样的东西，这个就是咖啡碱。

第四个性质就是它的苦味，如果同样含量的咖啡碱在茶叶里和在咖啡里，咖啡比茶叶苦更多，为什么？茶叶里面的茶氨酸以及茶多酚把咖啡碱的苦味能够掩盖掉很多，所以咖啡更苦。有时候我们喝老茶叶跟嫩茶叶大家觉得老茶叶更苦，但是嫩茶叶里面的咖啡碱含量更高，为什么？原因是茶氨酸把它的苦味给掩盖掉了。

第五个性质是络合作用。红茶的鲜爽度跟咖啡碱有关，这里做一个更简单的实验。大家拿一杯好的红茶，立顿红茶或者滇红都可以。你用沸水泡出来以后，这杯茶红艳明亮透澈，但是你不要去喝，你把这杯茶水放到冰箱里一个小时，再拿出来它变浑浊了，这个现象就是“冷后浑”，表示这个茶叶里面有咖啡碱。那么绿茶有没有“冷后浑”呢？也是有的，大家泡一杯绿茶，透明的，然后把它倒到一个瓶子里，放在冰箱里，第二天拿出来看一下茶汤也变浑浊了，这表示茶水里面有咖啡碱。为什么中国茶饮料1997年才开始出现呢？日本是1986年就开始出现了，就是因为茶叶的“冷后浑”现象。如果我们做了一瓶茶饮料刚开始透明的，在商店柜子里放了两天后变浑浊了，谁去买？老百姓就害怕这里面有不好的东西。1997年以后我们技术上解决了，把“冷后浑”产生的时间延长到半年甚至一年以上了，茶饮料就可以作为商品去卖。这个是咖啡碱的第五个性质。

那么现在大家比较关心的就是咖啡碱它对身体到底有什么好处和坏处，这是大家很关心的。很多人觉得要把咖啡碱去掉，咖啡碱不能喝，有的人觉得咖啡碱可能会引起癌症肿瘤，有些人觉得咖啡碱对心脏不好、对胃不好，那么咖啡碱到底对身体有什么好处和坏处呢？大家去查阅一下茶叶里面咖啡碱的分解途径（图2–5）。为什么刚才我们讲的老叶茶的咖啡碱含量少、嫩的含量比较多呢？因为老叶茶里面咖啡碱会分解成尿酸，后面变成尿素再变成二氧化碳散失，所以老叶子咖啡碱含量比较少。嫩叶的咖啡碱合成得多、分解得少，老叶的咖啡碱合成得少、分解得多。那么我们把茶叶或者把咖啡喝下去以后咖啡碱到哪里去了呢？刚开始跟茶树的分解途径是一样的，但到尿酸这里为止，人体内分解链条后面缺少一些酶不能再分解了，就是说在我们身体里面形成一个贮存库，我们叫做尿酸库。像我这种年龄或者比我更大一些年龄的人每年去体检都要测定血液里面的尿酸。尿酸很高的话我就很担心了，表示身体有问题了。尿酸太高会出现痛风，痛风病人就是因为身体里尿酸太多。痛风病人是不是因为尿酸高引起痛风呢？不

咖啡碱的生物合成与分解

◆ 茶树体内咖啡碱的分解途径：

咖啡碱或其他嘌呤碱→黄嘌呤→尿酸→尿囊素→尿囊酸→尿素→ CO_2

◆ 人体内咖啡碱的分解与茶树体内有区别：

咖啡碱或其他嘌呤碱→黄嘌呤→尿酸

图2–5 咖啡碱的生物合成与分解

是。因为身体代谢出现了问题，尿酸代谢不出去了，尿酸积累了才引起痛风。还有人会担心咖啡碱会不会引发肿瘤，现在理论和实践都证明咖啡碱不会引起肿瘤，也不会引发我们后代身体的问题。最后我们再总结一下咖啡碱的好处和坏处，不好的地方有痛风病的人喝了会痛风，神经衰弱的人喝了会睡不着觉，胃不好的人喝了可能对胃有刺激，心脏不好的人可能更加兴奋；但是我觉得健康的人、正常的人喝了让我们身体更加健康、让我们更加长寿。

咖啡碱的主要作用

1）医药——解热镇痛药

2）食品——软饮料添加剂

3）化工——绘图、复印纸、油漆等

4）精神药品（毒品填充料）

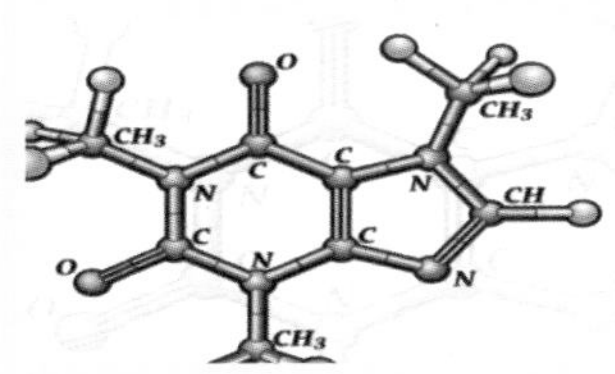

图2-6 咖啡碱的用途

咖啡碱分两类，一类就是我们茶叶里提炼的天然咖啡碱；还有一类是人工合成，用化学的东西合成的。在咖啡碱四个用途（图2-6）中，第四个我们可能不能讲得太多；第一个用途是添加在解热镇痛药里面，现在我们拿到的一些感冒药里面会用到咖啡碱来镇痛；第二个用途是在食品方面作为软饮料如可乐、雪碧等的添加剂；第三个用途是应用于化工中的绘图、复印纸以及油漆等工业。其中第二个用途我要重点讲一下，我们喝的红牛以及可乐等饮料中会添加咖啡碱，据我了解中国人喝的可乐跟美国、日本、韩国人喝的可乐可能唯一的区别就是我们用的是合成咖啡碱，他们用的是天然提取的咖啡碱。大家觉得我们应该用哪一类？天然的还是人工合成的？我觉得应该是天然的。中国是全世界茶叶最多的国家，而美国没有茶叶，但是相反我们用的是人工合成的咖啡碱，日本、美国则用的是我们中国绿茶里提炼的咖啡碱。就这么一点区别，其他成分都一样。为什么合成咖啡碱在医药和食品上的应用有很多的争论呢？因为在咖啡碱的人工合成过程中会用到很多有毒甚至剧毒的化学原料，合成过程中不可避免会产生环境的问题，对水体或者对空气有污染。所以美国、日本它们都在法律上严格禁止在饮料和食品中加入合成咖啡碱，而中国还没有这个规定。但大家也不用担心我们喝的可乐的安全问题，因为合成咖啡碱跟天然咖啡碱这个产品本身是一样的东西，化学结构、物理形状、性质完全一样，但是合成过程对环境有损害。所以在这里我们一起呼吁一下，希望我们的有关部门禁止在中国的饮料和食品中添加合成咖啡碱。这主要是从环境角度去考虑，还有一个从茶农的角度去考虑。我上次跟湖南农大的刘仲华教授讨论，用茶叶提取天然咖啡碱一年可多用掉二三十万吨茶叶，我们茶农每亩的收入可以增加几千块钱，还让我们的水更清、天更蓝、空气更清新。咖啡碱可以研究开发很多的药品，包括减肥的、降低得胆结石风险的、防止男性脱发的等。

（三）茶多酚："人体保鲜剂"

茶多酚是茶叶里最重要的一类成分，它含量很高，分布很广，变化大，集中表现在茶芽上，对品质影响最显著。茶多酚有四大类（图2-7），由三四十种单体构成，其中最重要的是儿茶素类，它的含量最高，占到整个茶多酚含量的百分之七八十，而且它的生物活性最好；第二类就是黄酮和黄酮醇类，我们很多人喝的银杏叶茶、苦丁茶以及大蒜或者葡萄籽、葡萄酒里面黄酮类含量就很高；第三类是花青素类和花白素类，夏秋季天气比较干燥，绿色的茶芽变成紫色的芽头，里面花青素含量比较高；第四类是酚酸和缩酚酸类，金银花里面的成分叫绿原酸属于缩酚酸。

茶多酚（TP）的组成

茶叶中的多酚类物质包括：
（1）黄烷醇类（儿茶素类）
（EC、EGC、ECG、EGCG）；
（2）黄酮类和黄酮醇类；
（3）花青素类和花白素类；
（4）酚酸和缩酚酸类。

图2-7 茶多酚（TP）的组成

茶叶里面的茶多酚既含有它特有的儿茶素类，也含有其他植物黄酮类、酚酸类，还有一些花的颜色的成分，所以它这个组分就更加的丰富。茶多酚的性质能溶解于水，它也有稳定和不稳定性，另外最重要的一个性质就是氧化还原性。茶多酚可以提供质子，是一种理想的天然抗氧化剂。我们喝茶的目的从某个层面上理解就是“人体保鲜”。如果外界环境变化或病毒等因素诱导会导致自由基激增，从而打破体内正常的自由基平衡，而过多的自由基则会攻击我们正常的人体细胞，造成细胞功能损伤，甚至凋亡，并最终引发疾病。而茶多酚提供的质子的功能可以清除过多的自由基，并且阻断自由基的传递，提高人体内源性抗氧化能力，从而对人体起到“保鲜”作用，这是很重要的一个性质。另外茶多酚能够氧化聚合，儿茶素单体在多酚氧化酶的作用下变成聚合体，从无颜色变成有颜色的聚合物，这种黄颜色的是茶黄素，还有更红的茶红素以及茶褐素，这是构成红茶的主要成分。茶多酚可以开发成预防心脑血管疾病的药物，对肾脏病也有比较好的疗效。目前已经实现产业化生产的茶叶多酚类产品见图2-8所示。

图2-8 产业化的茶叶多酚类产品

三、环境因子对茶叶品质的影响

（一）影响茶叶品质的环境因素

茶叶的环境因子包含温度、光照、水分、空气和土壤这5个方面。这里希望大家能够记牢这两句话：温度、光照与茶多酚的含量成正比；温度、光照与氨基酸的含量成反比。温度高，光照强，茶叶里面茶多酚就会升高，氨基酸会下降；反过来也是一样，所以这就是为什么南边的茶叶做红茶比较好而北边的做绿茶比较好的原因。我们山东那边能不能做红茶？也能做，包括我们龙井茶品种也可以做红茶，但是我们做出来的颜色绝对没有云南、海南那边的红。为什么？因为江浙一带的温度比较低、光照比较弱，相对来讲茶多酚含量就不是很多。但是如果云南、海南把它们那边的茶叶做成绿茶，我们发现它不大好喝，为什么？茶多酚太高了，苦涩味比较重，氨基酸比较少，鲜爽味比较低，所以它不大好喝。所以我们可以解释南北纬度不同的茶叶的品质不同。为什么我们浙江、江苏、安徽包括山东的绿茶基本上采春茶，夏秋茶基本上不要呢？因为春茶温度低、光照弱，所以氨基酸含量比较高，它口味比较好。那么做红茶刚好相反，浙江有些地方也在做红茶，发现夏茶可能比春茶会更好，因为它的茶多酚含量比较高。

（二）辩证看待“高山出好茶”

茶叶界有句话“高山出好茶”，为什么高山出好茶？海拔每升高100米温度相差0.6℃，1 000米相差6℃，所以山上的温度低。光照呢？像浙江高山茶区刚好是云雾层，太阳光照到云雾上大部分反射回去了，少量照到茶叶里的都是散射光，所以它光照相对少、温度又比较低，鲜爽味就比较高。还有很多地方采名优绿茶，为什么要太阳出来以前采？早上采跟中午采味道都不一样，中午去采名优绿茶就没有早上采的好喝，因为氨基酸减少了而茶多酚增加了，所以我们做红茶可以下午去采。很多地方茶园里要种一些高的树，不仅茶园生态环境更好，而且还能起到遮阴的作用。做抹茶的茶园是一定要覆盖的，它这个茶园里面的塑料薄膜要盖一个多月。大家到浙江余杭这一带茶叶试验场你会看到这个茶园用黑的薄膜盖一个多月，它就是把光线挡掉，让茶叶长得慢一点，然后氨基酸就会增加，茶多酚会减少。抹茶是把茶叶采下来磨碎，然后全部喝下去的。如果你这个茶叶里面茶多酚含量很高、太苦涩就没法喝。所以温度、光照跟茶多酚含量、氨基酸含量的比例关系可以解释很多的问题。但是刚才讲的高山出好茶也不是绝对的，并不是说把茶种到青藏高原去，茶叶品质就很好，因为如果到了一定海拔高度，它上面温度太低，茶叶也长不好；还有当高度穿过云雾层后，紫外线就会太强反而不好。所以像浙江这种地方一般海拔在500米到900米之间就算高山茶，如果海拔超过900米，茶叶品质反而会降低。图2-9就是很美的高山茶区。

茶叶中有茶多酚、茶氨酸、咖啡碱这些特征成分，那么这些成分对人体健康有哪些具体功效呢？茶为何会被称为“万病之药”呢？第三讲将为您解答。

图2-9 高山云雾茶

第三讲

万病之药：谈谈茶保健功效

唐代大医学家陈藏器在《本草拾遗》里面有这句话：“诸药为各病之药，茶为万病之药。”那么，茶真的有这么神奇吗？世界上对茶的评价是什么？茶的哪些健康功效已被科学证实了？

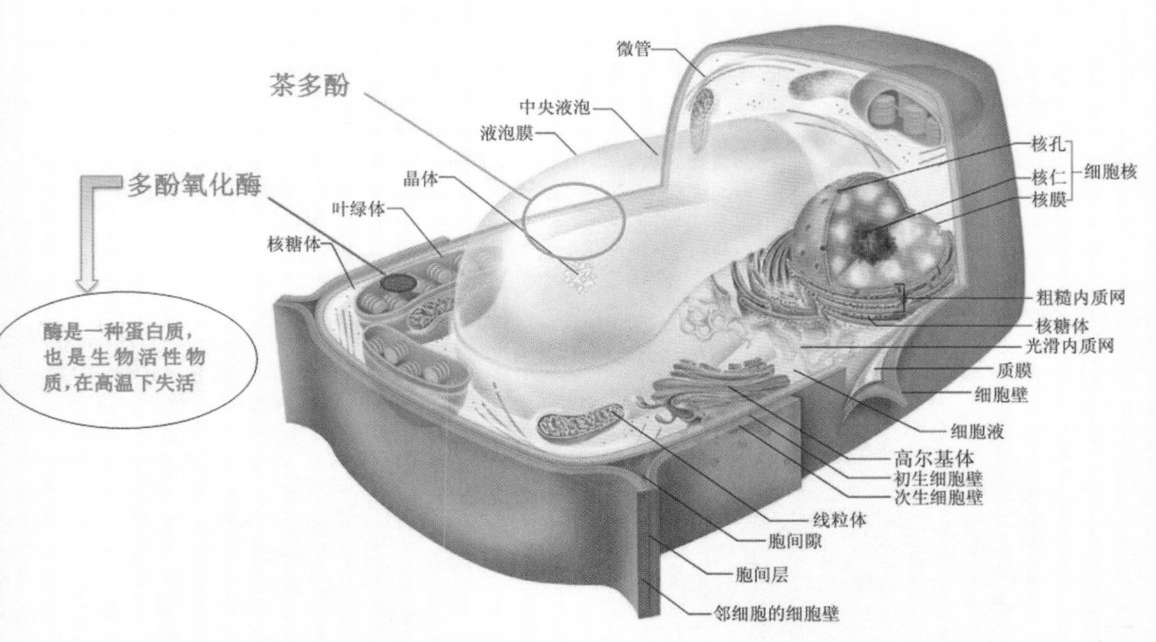

通过揉捻等工序破坏叶细胞 → 茶多酚氧化 → 叶细胞膜红变

本讲先从茶叶抗辐射作用的典型事例谈起，进行“茶为万病之药”的历史回顾，引出历代92种典籍归纳的24项茶传统功效，以及中国《大众医学》、美国《时代周刊》、德国《焦点》等杂志的中外营养学家评出茶为十大健康长寿食品之一。再从茶叶中所含有的功能性成分和“自由基病因学”理论基础角度解读茶为什么可称为“万病之药”。最后结合国内外最新研究报道和具体实例，就茶在“抗氧化和延缓衰老”“增强免疫”“降血脂”“对脑损伤的保护”“美容祛斑”“减肥”“防治高血压”“解酒”和“抗肿瘤”等方面对人体健康的具体功效进行阐述。

一、从特征性成分对茶叶分类

茶叶根据颜色分为六大类：绿茶、红茶、青茶（乌龙茶）、白茶、黄茶和黑茶。图3-1是黄茶蒙顶黄芽；图3-2是白茶类的白毫银针；图3-3是普洱黑茶；图3-4是乌龙茶，也就是青茶，有闽北乌龙、闽南乌龙、广东乌龙、台湾乌龙之分；图3-5是红茶。

图3-1 蒙顶黄芽

图3-2 白毫银针

图3-3 普洱茶

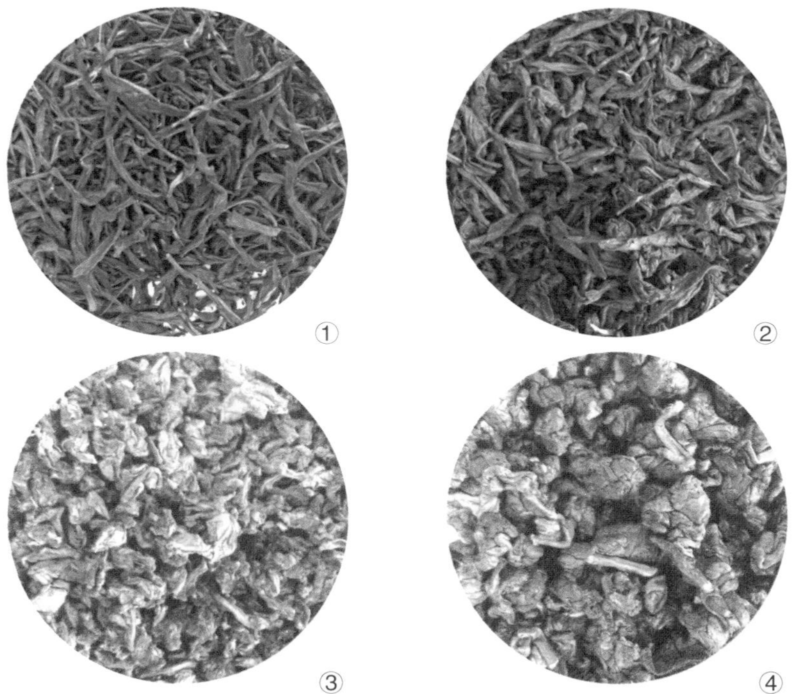

图3-4 青茶（乌龙茶）

①广东乌龙——凤凰单丛 ②闽北乌龙——武夷水仙
③闽南乌龙——铁观音 ④台湾乌龙——阿里山茶

图3-5 红茶
①滇红工夫 ②祁红工夫 ③正山小钟

图3-6 陈椽

我们在前面讲到茶叶干物质中茶多酚含量是18%到36%，六大茶就是根据茶多酚的氧化程度和氧化方式去分类的。陈椽老师（图3-6）提出“以茶多酚氧化程度为序，以酶学为基础”的六大茶类的分类方法。茶叶的细胞结构见图3-7。茶叶里还有一种成分叫做多酚氧化酶。在新鲜叶子里面多酚氧化酶和茶多酚含量都很高，但它们在不同的细胞器中不会发生反应。好比它们住在

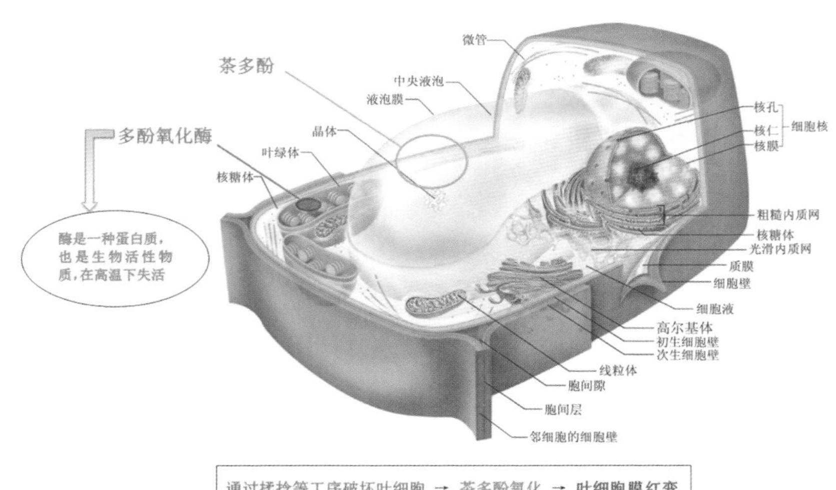

图3-7 茶鲜叶细胞红变示意图

不同的房间，中间有墙壁隔开它们碰不到一起。多酚氧化酶如果碰到茶多酚就会发生酶促反应，产生颜色变化，冬天为什么茶叶会冻红呢？相当于把这个细胞膜的透性破坏掉了，把这个墙壁打通了，使分布在不同细胞器的多酚氧化酶跟茶多酚碰到一起发生酶促反应，所以茶叶就变红了。做绿茶要经过高温杀青，杀青目的就是把这个多酚氧化酶灭活，多酚氧化酶失去活性后，茶多酚就不会发生颜色变化，所以我们看到绿茶呈现的主要是叶绿素的颜色。然而，做红茶就要充分利用多酚氧化酶的活性，让茶多酚跟多酚氧化酶进行更多的反应，发生颜色变化，先变成黄色的茶黄素，接着变成红色的茶红素，最后变成黑褐色的茶褐素。所以我们六大茶类分类就是根据这样的原理。绿茶是不发酵茶，就是茶多酚没有被氧化；红茶需要充分发酵，乌龙茶有摇青的工艺，可以理解成绿茶跟红茶中间的一种茶类，我们叫做半发酵茶；黄茶跟黑茶是先进行杀青做成绿茶，后面再进行不需要酶催化发酵，所以我们把它们叫做后发酵茶；白茶就是采下来以后摊放一段时间，让茶自然干燥，茶多酚被氧化得很少，我们叫做微发酵茶。所以六大茶分类就是根据这个茶多酚有没有氧化、什么时候氧化去分的。

二、六大茶类的保健功效

六大茶类分别为红茶、青茶（乌龙茶）、黑茶、黄茶、白茶、绿茶，它们的加工工艺各不相同。那么，它们的功能会怎样？现在全球死亡率最高的一个病是心血管疾病，每个小时都有300多人因为心血管疾病死亡。2009年有一个报道，未来10年，在中国，糖尿病人、中风病人以及心血管病人，需要花费5 580亿美元来防治，这是一个多么庞大的数字。茶叶能否为此做出贡献呢？

经研究发现，所有的茶类均能有效预防心血管疾病、降脂、抗癌以及防治糖尿病。提倡科学饮茶就可以做到防患于未然。

在上述基础功能外，那每类茶是否有自己独特的功效呢？答案是肯定的。

先说说在世界茶叶产销总量中占第一和第二的红茶和绿茶。红茶和绿茶均可预防帕金森综合征，促进骨骼健康，防治肠胃和口腔疾病。比如红茶和绿茶中含有氟，可以防龋齿。

其次，说说乌龙茶的保健功能。现在在中国，饮用乌龙茶的人越来越多，乌龙茶对单纯性肥胖的疗效非常好，有效率可以达到64%。另外它的美容作用特别突出，从21岁到55岁的女性朋友，每人每天饮用4克乌龙茶，连续饮8周，面部皮脂的中性脂肪量减少17%，保水率从94%提高到129%。另外，乌龙茶能有效抗突变，抗肿瘤。

再来看看白茶的保健功能。白茶主要产于福建省，它的加工工艺最为简单，其保持的化学成分最接近于茶鲜叶本身的成分。白茶可以抗菌，如抑制葡萄球菌和链球菌感染，对肺炎和龋齿的细菌具有抗菌效果，具有解毒、退热、降火等功效。特别是在夏天，很适合饮用白茶。如果你感觉到咽喉肿痛、牙齿上火，试着煮一壶白茶，连续喝上两天，症状便会明显改善。2009年，德国拜尔斯道夫股份公司研究发现，白茶自然生成的化学物质能分解脂肪细胞，并阻止新的脂肪细胞形成，防治肥胖症。

图3-8 日本超市里摆放的主要成分为黑茶的减肥茶

图3-9 与来自美国的医生探讨黑茶功效

黑茶外形并不美，虽然现在有新的黑茶产品叫做黑美人，总感觉黑不是特别亮丽的名字，但是它有非常好的功效。黑茶是后发酵的茶，茶中有机酸的含量明显高于非发酵绿茶，高含量的有机酸，可以和茶多酚类或者茶多酚氧化产物产生很好的协同效果，有益于改善人体肠胃道功能。请看图3-8，图中是一款日本超市里摆放的主要成分为黑茶的减肥茶，白的是一个脂肪的模型，其实是块大理石做的，它代表1公斤脂肪。边上的是一款名叫黑乌龙的茶。就是黑茶跟乌龙茶复合的一款袋泡茶。它表示如果你喝了这一大袋黑乌龙茶，就可以减掉1公斤脂肪。这个图片很形象地说明了黑茶可以降脂减肥。

另外，再请看图3-9，这张照片拍于2010年5月，美国的3家医院的医生来访问我，了解有关黑茶降脂减肥的事情。其中那位穿红衣服的医生，他本来的体重是200磅，颈动脉血管脂肪沉积，经检测已经达到60岁的水平，而他实际年龄只有42岁，相当于无形之中他的年龄增加了20岁。为此，他整日忧心忡忡。他的一位中国朋友，也就是照片里的这位女同志，是一位针灸医生，给他送了一饼黑茶，告诉他黑茶能降脂减肥。抱着试试看的心态，男医生开始喝那饼黑茶，3个月后，他再去测动脉硬化的情况，令他惊奇的是，他回到了自己的实际年龄。从此他迷上黑茶，并且成立了一个茶叶公司。因为我们在国际期刊上发表了七八篇关于黑茶降脂减肥的论文，所以他们找到我，并且非常迫切地想知道论文里的样品是什么，怎么来做的，今后是否准备继续做下去，等等。他说已经有四十几个病人，开始喝黑茶，而且60%以上是有效果的。我仔细思考了其中的缘由，主要是美国很多的地方的饮食结构，跟我们少数民族地区的人的饮食结构很像，以高脂高热的食物为主，喝黑茶会很有效。在我国很多少数民族地区，大家都有每天喝黑茶的习惯。

第五个要介绍的是黄茶的保健功能。黄茶的加工工艺也不复杂，在绿茶基础上，中间多了一个闷黄的过程。但就是这个湿热氧化的过程使绿茶的部分化学成分得到改变。它可以防治食道癌，而且它的抑菌效果也优于其他茶类。同时，它还可以提神、助消化、化痰止咳等。

三、茶叶防辐射

2011年4月我们收到中国驻日本大使馆大使程永华先生的一封感谢信，图3-10就是他的感谢信。

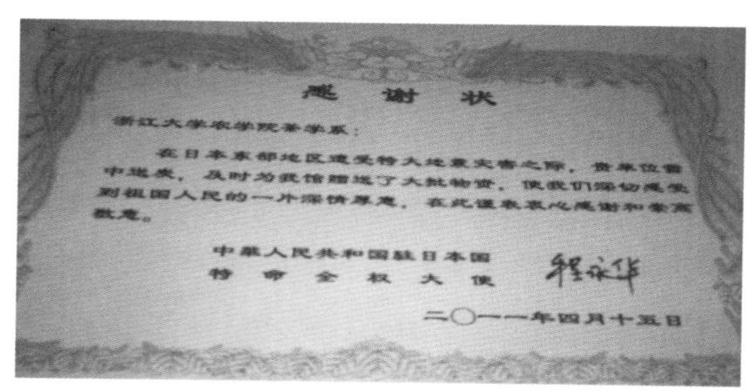

感谢状

浙江大学农学院茶学系：

在日本东部地区遭受特大地震灾害之际，贵单位雪中送炭，及时为我馆赠送了大批物资，使我们深切感受到祖国人民的一片深情厚意，在此谨表衷心感谢和崇高敬意。

中华人民共和国驻日本国
特命全权大使　程永华

二〇一一年四月十五日

图3-10 中国驻日本大使馆大使程永华先生写给浙江大学农学院茶学系的感谢信

他为什么感谢我们？因为日本地震海啸以后大家对核辐射感到非常的恐慌。中国各地都发扬奉献精神，包括贵州、福建、浙江很多地方把茶叶捐给日本、捐献给我们的大使馆和一些华侨。我们也捐了一批物资给中国驻日本大使馆。我们捐了什么？茶多酚，还有一箱茶爽，因为茶多酚被证实具有抗辐射功效。所以他写了感谢信。这个事情发生以后，上海的《新民晚报》刊登了关于这件事的一篇报道《中国茶多酚“飞”赴日本抗辐射》，同时邀请我到上海科技馆给上海市民做了一个相关讲座。那段时间大家知道什么很难买？食盐很难买。杭州一家五星级茶馆叫“你我茶燕”，请我去做了一个讲座，我讲的题目叫做《抢盐不如喝杯茶》。据中国农科院茶叶研究所、湖南农业大学、浙江大学研究发现，茶叶的抗辐射效果非常好。它的效果好到什么程度呢？我们每天喝两杯茶，6克茶叶泡成茶水喝，它抗辐射的效果相当于你吃两斤碘盐。两斤盐吃下去你会怎么样？如果一天之内你把两斤盐吃下去，那你就“拜拜”了，跟我们“拜拜”了。但是你喝6克茶很容易做到，对不对？所以没必要抢这个盐，喝茶的抗辐射效果非常好。

其实茶叶抗辐射的事例非常多。“二战”末期日本广岛地区受到美国原子弹轰炸，研究者针对存活下来的居民做过一些流行病学的调查，结果发现生活质量比较好的居民和生存期比较长的居民都是有喝茶习惯的。所以在日本把茶叫做原子时代的饮料。大家知道癌症病人，一定会采取放疗或者化疗、放化疗。有些病人一个疗程或者两个疗程以后，你会发现癌症病人要戴个帽子了，因为他头发已经没有了，身体也非常衰弱了。这表示什么意思呢？我们了解到放化疗把癌症病人的癌细胞杀死的同时，可能把你正常的这些细胞也杀死很多了。有些癌症病人可能不去治疗还能活个一两年，一治疗反而只能活个半年。这个现象说明放化疗对人体的副作用非常大。那么在放化疗期间，如果癌症病人同时服用一些茶的提取物，包括茶多酚、儿茶素胶囊甚至喝一些浓茶，可以减少这个放化疗副作用。它的提升白细胞的有效率在90%以上，癌症病人掉头发的症状明显改善。这个在浙一、浙二这些医院里用得非常普遍，所以我们觉得茶叶可以减轻放射治疗的副作用、提高疗效。

那么茶叶为什么能够抗辐射呢？现在我们茶叶专家跟医学专家都觉得主要首先是因为它里面含有茶多酚。其次就是茶叶中含有大量的锰元素，其含量是其他植物的几倍、几十倍甚至上百倍。一般食物里面像蔬菜里面，最多的每100克里面可能就十几个毫克。食物里面锰含量最多的就是海鲜类的河蚌，它的锰含量有50多毫克，但都没有茶叶多，茶叶里面锰元素含量非常高，它能够起到抗辐射作用。还有就是它的咖啡碱、茶碱、可可碱也是有一定功效的，还有茶氨酸也有一定的功效。第三方面的原因就是它含有多糖、黄酮类、胡萝卜素类，这些当然其他植物里也有，它们有普遍的抗辐射作用。

那么茶叶中茶多酚，包括其他成分，是如何起到这个抗辐射作用的呢？可以这么理解，茶叶中的有效成分相当于做了一个防护墙，起到防辐射作用，包括核辐射、医疗放射、紫外辐射以及手机、香烟、家居和电脑辐射等。辐射会对我们身体里面细胞的蛋白质DNA神经系统、生物膜等产生损伤。像放化疗病人他会恶心呕吐就是因为放射引起的。那么茶叶类成分在这里起到一堵墙的作用，把这个射线给它挡住了，所以能够起到抗辐射作用。现在日本有专门用茶多酚做的抗手机辐射的抗辐射贴。我的手机上就有这么一个抗辐射贴，在日本买的，大概人民币200多块钱，贴在这里据说能够抗辐射。所以我们说喝茶还能抗辐射。

四、茶对抗自由基

什么是自由基呢？我们以前学过化学，知道一般的化学反应就是共价键的断裂。它是异裂的，使电子跑到某种质子上，而另一种质子就缺失了电子会形成离子。像我们家里的盐就是氯化钠，钠阳离子跟氯阴离子在这个水里共存，所以它是很稳定的。

自由基是共价键断裂时电子均分，大家一人一半，均裂是每个质子带一个电子，就成了一个不成对的电子。不成对的电子很不稳定，它很活跃。为什么叫自由基？它非常活跃，它要自己稳定下来，必须找一个去配对，所以这个自由基会去攻击人体细胞，让它自己更加稳定。自由基对我们身体有很多的危害。尤其过量自由基，它会引起人体很多的问题，包括肿瘤、心血管病、炎症、色斑，还有皱纹、白内障甚至衰老。我们身体里面的细胞功能衰退了，或者组织已经坏死了，是因为我们身体里面的细胞的核酸包括遗传物质DNA、RNA、蛋白质、脂质受到自由基攻击发生了异常。膜的流动性、膜的氧化还原性都发生了变化。那么这些成分的异常是由谁引起的呢？就是由过多的自由基引起的，过多的自由基引起我们身体里面的遗传物质DNA，还有其他的脂质和蛋白质损伤后，造成很多生理异常，这个叫做自由基病因学。据统计上万种的慢性疾病、老年病包括我们衰老，都是由自由基引起的，这是致病的祸首。如果我们找到一种东西能够清除自由基，它就可以预防上万种的疾病。茶为“万病之药”，从这个方面可以解释得通。这个自由基学说，现在也是医学界公认的一种学说。它能够解释很多问题，以前的营养学说、免疫学说只能解释一部分问题，这个自由基学说现在还是深入人心的。

目前能够找得到比较好的自由基清除剂有几种。现在我们家里人可能每天在吃维生素类，像我们家小孩儿吃善存片、老人吃维生素C，这些主要是让它来清除自由基的。有的茶友告诉我，吃了一年、两年维生素好像没什么感觉，没什么感觉就对了。其实在吃维生素期间，它让你少生很多病。现在维生素E跟维生素C是全世界发现得比较早的、大家公认的有清除自由基作用的物质。那我们从茶叶界的角度看它的结构，后来我们发现茶叶里面的茶多酚，尤其是它里面的儿茶素能够清除自由基的基团，茶多酚中的羟基比维生素类更多，就意味着有清除自由基的能力，但是会不会比维生素类更强呢？后来我们就做了大量的实验，证实了茶多酚、儿茶素清除自由基的能力比维生素类还要强很多倍。还有茶叶本身它也含有维生素C，我们觉得辣椒里面维生素含量非常高了，茶叶里面含量比它还高好几倍。正是因为茶叶本身既含有维生素，还含有清除自由基能力更强的茶多酚类物质，所以它能够预防疾病，所以茶为“万病之药”。用这个自由基病因学可以解释很多问题，不然我们无法解释茶为什么有这么多的功效。现在我们已经证实了茶通过抑制氧化酶与诱导氧化的过渡金属离子络合或者直接清除自由基等途径来清除自由基，这个机理也搞得非常清楚了。基于自由基的理论，我们觉得茶多酚是茶叶里面最主要、最精华、对人体最有用的成分。科学家拿绿茶、红茶跟大蒜、洋葱、玉米、甘蓝、菠菜去比较，发现绿茶的抗氧化活性这么高，红茶这么高，大蒜、洋葱、玉米、甘蓝抗氧化能力相对比较弱（图3-11）。

图3-12也非常有意思，外国研究要起到日常保健作用，不同抗氧化活性的食物你应该每天吃多少？研究发现，你可以每天拿5个洋葱去吃，你可以每天吃4

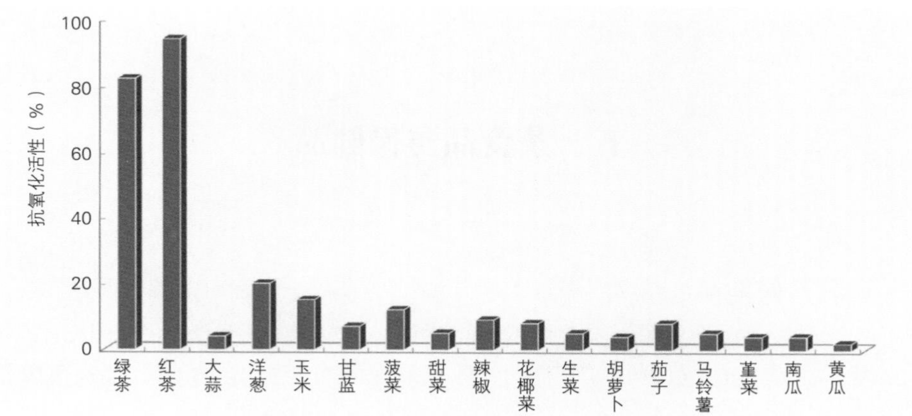

图3-11 茶和其他植物的抗氧化活性的比较

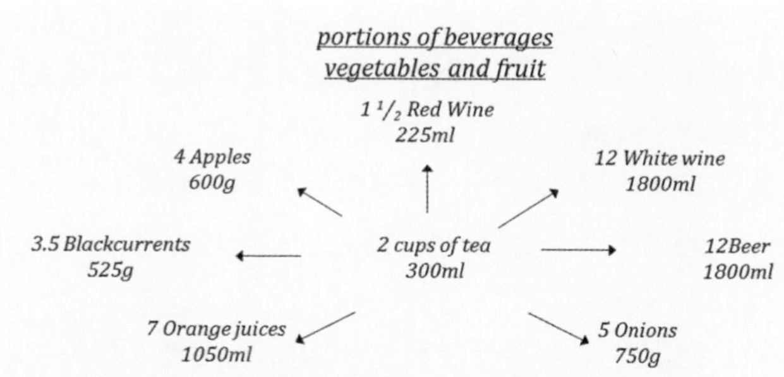

What would you choose to boost your daily antioxidant intake?

Guzzle 12 beers or white wine and get drunk?
Eat 750g of onions and have a bad breath?
Drink orange juice or gulp blackberries or apple to the brim?
Drink 1 $^1/_2$ red wines daily and empty your pocket?
Or drink two or more cups of tea a day and be happy.

Source: Tea & Coffee Trade Journal

图3-12 不同食物一天应该吃多少能起到保健作用

个苹果，你也可以每天喝1瓶半红葡萄酒或者12瓶白葡萄酒或者12瓶啤酒或者2斤多的橙汁，只有这样每天才能够起到抗氧化作用，防止自由基侵入。但是，你也可以选择每天喝两杯茶（300毫升），它的抗氧化效果是一样的。所以，你愿意每天吃5个洋葱呢？还是愿意每天喝两杯茶呢？所以从理论上讲，你喝两杯茶就可以起到日常保健作用。

五、茶食品与保健品

（一）茶类保健品

表3-1是2003到2007年已经注册的茶保健食品主要功能项目分布以及比例。

其中，辅助降脂的现在已有42个产品，大概占到25%。与减肥相关的产品，大概有31个，占了18.5%。增强免疫的产品有27个，占16.1%。加上缓解疲劳的产品，已经占到了全部的70%。可以看出，社会对于茶叶的降脂减肥和提高免疫力功能非常重视。当然茶叶的抗氧化、通便、降糖、对人体辐射危害有辅助保护的功能，也是非常重要的。特别是2011年日本福岛的核泄漏事件以后，茶叶的抗辐射功能更引起人们的广泛关注。此外，针对于茶叶的清咽、祛黄褐斑等功能，共有21类相关的产品得到注册。

下面看一些茶类健康产品。第一个是茶多酚减肥胶囊（图3-13），它对单纯性的肥胖人群有很好的效果。其主要成分有茶多酚、决明子、何首乌、熟大黄、荷叶和淀粉。茶多酚大概占到总量的10%。

第二个是茶黄素类保健品。茶黄素类是从红茶里提取的一种有效成分，是茶多酚的氧化产物，目前市场上也有很多的产品。大量研究和临床实践表明，茶黄素具有比茶多酚更强的抗氧化性能和保健功能，对预防心脑血管疾病有突出功效，抗心脑血管疾病的高血脂、高血黏、高血凝、自由基过多、血管内皮损伤、微循环障碍和免疫功能低下这七大危险因子，将成为安全可靠的根本性治疗心脑血管疾病的新

表3-11 2003—2007年已经注册的茶保健食品主要功能项目分布以及比例

排列序号 Sequence Number	功能名称 Function	产品数量//个 Registered number	构成比 a//% Ratio
1	辅助降脂	42	25.0
2	减肥	31	18.5
3	增强免疫力	27	16.1
4	缓解体力疲劳	21	12.5
5	抗氧化（延缓衰老）	16	9.5
6	通便功能	14	8.3
7	辅助降糖	12	7.1
8	对辐射危害有辅助保护功能	11	6.5
9	辅助降血压	6	3.6
10	清咽功能	6	3.6
11	祛黄褐斑	6	3.6
12	对化学性肝损伤有辅助保护	6	3.6
13	提高缺氧耐受性	4	2.4
14	辅助改善记忆力	2	1.2
15	对胃黏膜损伤有辅助保护功能	2	1.2
16	改善皮肤水分	1	1.2
17	改善睡眠	1	1.2
18	缓解视疲劳	1	1.2
19	增加骨密度	1	1.2
20	抗突变	1	1.2
21	改善营养性贫血	1	1.2

一代绿色理想药物。那么。茶黄素是怎么样清除自由基的呢？像SOD、CAT、GPX这些都是人体的抗氧化酶系，如果这些酶活性高的话，可以帮助你产生很多能量去除自由基，使很多的疾病得到控制。茶黄素对这些酶都有激活作用，而对于产生自由基的酶类，则有抑制效果。另外茶黄素还可以充当敢死队员的角色，敌人来了，它首当其冲。从这几个角度来说，茶黄素可以很好地抑制人体里过多的自由基的产生。

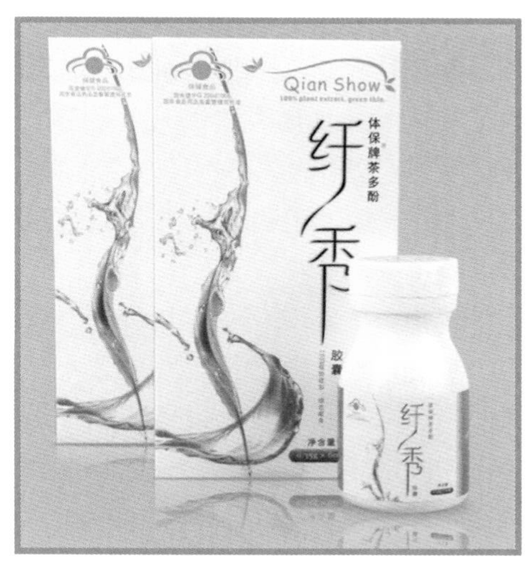

3-13 茶多酚减肥胶囊

第三个是茶氨酸类产品。茶氨酸是

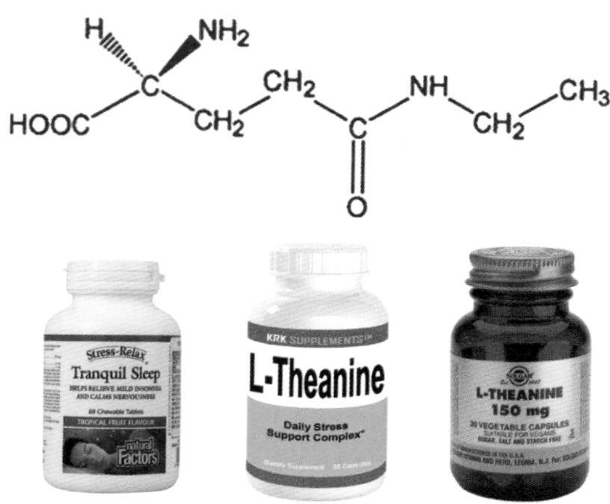

图3-14 茶氨酸结构与相关健康产品

一种N-乙基-谷氨酰胺，具有提神益智的作用（图3-14）。茶氨酸对改善睡眠有很好的效果。我们知道，人体里面有一种让你感觉舒服和安静的叫阿尔法波的电磁波，当你口服茶氨酸以后，特别是口服后30分钟到60分钟，脑电波图上显示阿尔法波增强。也就是说在口服茶氨酸30分钟以后，就可以很好地进入睡眠状态。

（二）茶叶功效利用方式

至此，我们已详细介绍了六大茶类的功效。新的一个问题是，我们怎样利用好它们呢？比如说平日里，大家工作繁忙，不可能泡上一杯茶，慢慢喝，慢慢品。我们可以通过以下三种方式让茶的功效为我们所用。

第一，以原茶的形式。就是在食品里还保持茶叶的样子，看一眼便可以知道这是一个茶产品。

第二，改变茶的物理形状。比如做成超微茶粉。

第三，利用茶叶提取物。就是把茶叶的有效成分提取出来，添加到各个所需要的地方。从功能上来说，把茶叶添加到食品里有什么好处呢？一是可抗油脂氧化。茶叶中所含的茶多酚、维生素C，都是抗氧化剂，可延长食品的保质期。二是它们有杀菌保鲜的作用。三是茶叶是一种天然色素，添加到食物中起到着色的作用。比如说茶黄素，现在国家已经将其列为天然食品添加剂，可以用它代替合成色素。四是可以作为营养补充剂。五是可以改善食品风味。因为茶叶的每种成分，都有它特有的味道。EC和EGC分别是两种儿茶素。这两种儿茶素是不带没食子酸基团的，微苦、无涩味。而ECG和EGCG是带没食子酸基团的两种儿茶素，苦涩味。咖啡碱也是有苦味的。游离糖是甜的。茶氨酸又鲜又甜。有机酸、维生素C带有酸味。我们可以根据需要，选择不同的茶叶或者不同的提取物，添加到不同的食品里。这里我特别要介绍的是已经在食品里应用非常宽泛的超微茶粉（图3–15）。

图3–15 超微茶粉

超微茶粉工艺还是相对简单的，要求是新鲜、优质、干净的茶叶。我们将比较干净的茶叶通过蒸汽杀青、干燥，在低温下超微粉碎或者是碾磨，变成茶粉。其粒度一般在800目以上，最细的可以做到1 500目。平常茶叶中用水泡不出来的一些成分，比如膳食纤维，可以通过这种形式提供。

接下来分别从上述的原茶和物理形状改变的茶叶以及茶提取物三个方面举例。

1. 原茶茶菜

先介绍原茶在食品中的应用。来看这4道美食：茶叶蛋、龙井炒虾仁、茶香鸡以及茶香虾（图3–16）。

图3–16 ①茶叶蛋 ②龙井炒虾仁 ③茶香鸡 ④茶香虾

这4道菜非常美味。其中茶香鸡把茶和鸡相结合，利用茶的香气掩盖鸡的腥味，同时，茶叶可以吸收鸡肉中大量的脂肪，堪称天作之合。龙井炒虾仁，这是杭州的一道名菜。不仅绿叶与红相配，非常漂亮，更重要的是，虾含有很高的不饱和脂肪酸，茶叶中所含的茶多酚，能有效防止其氧化。平时，虾仁高温下锅，会发生部分氧化。有了茶叶就大不一样了。从香味上说，茶叶的清香可以掩盖虾仁的腥味。另外从色泽上也可以相互映衬。

现在杭州非常注重推广茶文化，比如蕴含深厚传统文化的西湖十大茶菜（图3–17），将西湖的美景和茶结合，非常漂亮，其中有保俶塔、里西湖、外西湖、断桥等。

图3–17 蕴含深厚传统文化的西湖茶菜

2. 茶粉

上面介绍了茶菜，现在介绍第二方面，茶粉的应用。茶粉的应用，也可以说成是吃茶，相当于把整个茶都吃下去，无非是看不到整张叶片。其实传统上中国很早就有吃茶的习惯，比如说擂茶，也叫三生汤（图3–18）。它是用生茶叶、生米仁还有生姜为主要原料，捣碎，然后冲上水，可以是凉水，也可以用热水冲饮。在《梦粱录》里杭州临安府，就有一道茶叫七宝擂茶，传说是用花生、芝麻、核桃、姜、杏仁、龙眼、香菜和茶擂碎，煮成茶粥。

图3–18 擂茶（又名三生汤）

现在茶粉的吃法比原来有更加多的花样。请看3张实例图片（图3-19）。右边钵里盛的是什么呢？是茶盐。把茶粉和盐拌在一起。中间的是将茶叶制成如榨菜一样的小菜。右边的是一种抹茶凉面，非常漂亮。通过这种形式，可以把茶整个的营养吃下去。

除此之外，还有很多的糕点，比如说酥糕、酥糖，原来都是重油、重糖的食品，加了茶粉改良以后，口感就会变得甜而不腻，同时还增加了茶叶所含的很多营养。比如说我们传统的中秋佳节月饼。茶月饼已经有二十几年历史。1992年国家就批准了茶多酚作为一种油脂的抗氧化剂，那时就把这个茶多酚添加到月饼的馅和皮里面来增加它的抗氧化功能，延长月饼的保质期。

图3-19 茶粉的应用举例

看到这些由茶叶做的美食、美味，不光从生理上我们可以获得很多的营养，从心理上也可以得到很多愉悦。

3. 茶叶提取物

接下来我们来看茶叶提取物的应用。首先是茶叶提取物在油脂中的应用。图3-20中的样品是将茶叶提取物放到这个油脂中间，目的就是抗油脂氧化，延长它的保质期。茶树籽油，就是从茶树的籽里面榨出来的油，其本身带有茶多酚、皂素，有一定的抗氧化效果。

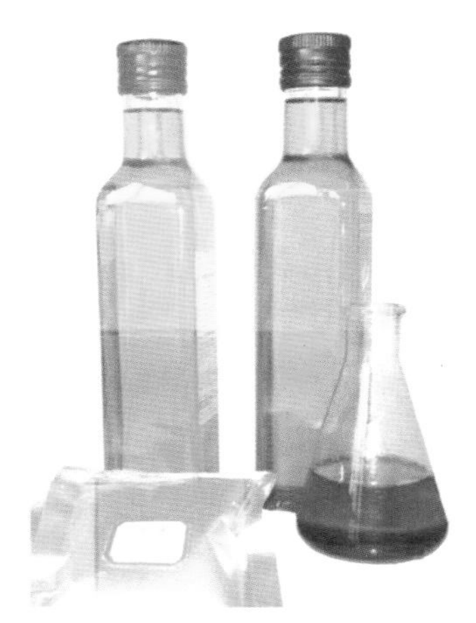

图3-20 在食用油中加入茶多酚

第二个例子就是茶饮料。茶饮料是指用茶叶的提取物，或者是喷雾干燥的产品，或者是浓缩液，混合各种调味料的配方，调配了之后进行罐装做成的饮料。近年，茶饮料发展迅速。到2009年，茶饮料产量已经超过了700万吨，占全国软饮料产量的10%左右。2010年，我们的软饮料增长率是18.27%，茶饮料增长确切数据我还没有见到，但肯定是同步增长的。所以，茶饮料未来发展是非常好的。大致会向这几个方向发展：一个是低卡路里型的。现在看到市场上有零卡路里的，即无糖、无热量型的。另一个是很多地方利用自己的传统特色茶，制作成相应的茶饮料。比如安溪铁观音、西湖龙井、黄山毛峰、冻顶乌龙等，它可以做成相应各个品种的名优茶的软饮料。此外，还有各种功能性茶饮料，比如现在市场上很热门的专门针对降脂减肥的减肥茶、专为儿童设计的添加更多茶氨酸的饮料、像用茉莉花和茶提取物配成的茉莉清茶。酥油茶也是，不是直接投放茶叶，而是先煮茶叶，再过滤出茶汤，在茶汤中加上奶等。还有现在很提倡的原叶茶，100%来自于茶，没有添加任何东西。

这里着重提一下可口可乐。也许你很好奇，为什么把可口可乐也加进来讲，因为可口可乐里所含的咖啡碱就来自于茶。天然的茶叶咖啡碱的积蓄毒性非常低，很容易代谢。而人工合成的咖啡碱在合成过程中产生很多对环境危害非常大的中间产物，因此，为了我们的地球，请使用天然咖啡碱。

六、茶为“万病之药”

茶为什么可以叫做“万病之药”？大家知道如果一个药是“万病之药”，如果我说我这个药能够治百病，那一定是狗皮膏药、假药，对不对？你这个药什么都能治那肯定谁都不信，但“茶为万病之药”这句话绝对正确。怎么去理解这句话？先来了解一下“茶为万病之药”这句话的历史回顾，然后再了解“茶为万病之药”的理论依据是什么。

（一）茶叶、茶药

茶叶在我国最早作为药物使用，以前把茶叶叫茶药。最早的药理功效的记载是在《神农本草》里面茶的起源部分。这里面说神农“日遇七十二毒，得茶而解之”。到了汉代就把它当成长生不老的仙药。医圣张仲景在《伤寒论》里面有关于茶的评论“茶治脓血甚效”。名医华佗也讲了一句“苦茶久食益思意”，就是说茶对身体有很大的好处。唐代陆羽在《茶经》里也记载了很多茶的功效。所以在唐朝以前的人就认识到茶的功效不少，不仅可以让我们提神、明目、有力气、精神愉快，还可以减肥、增强思维的敏锐度等。那么宋代以后，关于茶功效的记载就更加深入了。像苏东坡的《茶说》、吴淑的《茶赋》、顾元庆的《茶谱》，包括李时珍的《本草纲目》里面都描写到茶的功效。

茶的功效在《本草纲目》里面有记载：“茶苦而寒最能降火”，“火”会引起身体很多问题。那么像日本种茶的鼻祖——荣西，“茶禅一味”是他提出来的。他在《吃茶养生记》里面讲到“茶者养生之仙药，延龄之妙术也”。他觉得茶能够养生，能够延长我们的寿命。茶刚开始传到欧洲去时，它不是放在食品店、茶叶店里卖的。它是放到药房里卖的，它是作为一种药去卖的。20世纪80年代以后，再次出现了研究茶的高潮，因为日本科学家最早揭示了茶里面的茶多酚能够抑制人体的癌细胞活性。所以从那个时候开始，研究茶的科学家越来越多了。浙江中医药大学的林乾良教授总结了很多的文献，把茶的传统功效归结为让人少睡、安神、明目等24项。从这些总结来看，茶真的可以预防或者治疗很多的疾病，这句话“茶为万病之药”应该是非常正确的。现在医学又证明了这个论断，像我们现在中外营养学家评的“十大健康长寿食品”、像中国的《大众医学》2003年评了一个“十大健康食品”里面都有茶叶。美国的《时代周刊》和《时代》杂志都把茶作为最好的抗氧化食品或者营养食品去推荐。德国的《焦点》杂志把茶列为十大健康长寿食品。而且绿茶有神奇的功效，它能够防止动脉硬化、防止前列腺癌、能够减肥、能够燃烧脂肪。茶的这些功效在其他中外很多文献中都有论及。现在全世界对茶与健康关系的关注度越来越高。很多科学家在研究茶跟健康的关系，从1985年到今天世界上有关茶与健康关系的文献量越来越多。1985年只有三五篇，到2005年就有500多篇，现在有1 000多篇。这表明全世界科学家都在关注茶的健康作用。

（二）理论依据

第二方面我们要了解一下茶为什么可以叫做“万病之药”。它的功效成分很多，茶里面有茶多酚、氨基酸、咖啡碱，对人体的身体功能有很多的好处，所以有人把茶树叫做合成珍稀化合物的天然工厂。这个茶树长成以后，你把叶片采下来以后，可以作为一个药物去使用。有人甚至把茶里面的茶多酚叫做“第七营养素”。我们知道食品有六大营养素，现在有人把茶多酚提高到这个高度了，表示茶的功效成分与人体健康的关系非常大。现代医学有一个学说叫做“自由基病因学”，它可以解释“茶为万病之药”的说法。

七、茶保健九大功效

（一）延年益寿

那么，茶到底有哪些保健功效呢？我下面就简单介绍一下。第一个功效就是茶的抗氧化或者延缓衰老作用。这里（图3-21）我罗列了茶学界的老前辈，我们把他们叫做当代中国茶叶科技的奠基人，我们从科学界的角度看这些老专家。

以前那个茶圣是陆羽，现在我们当代茶圣是吴觉农先生，还有后面一些泰斗元老的人物。后面的数字是什么呢？他们的年龄。你看一下我们有句话叫做“茶寿108”，光吃饭不喝茶可以活到88岁，再喝一点茶水那你可以活到108岁。“茶”字怎

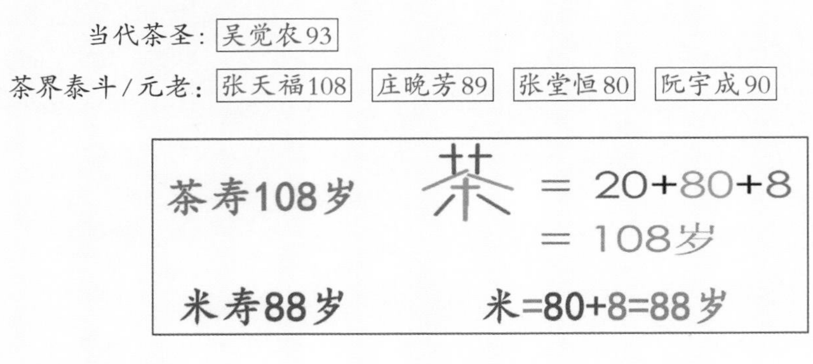

图3-21 当代中国茶叶科技奠基人年龄

么写？上面20岁，下面88岁，加起来就是108岁，茶寿就是这么来的。你看一下，茶圣吴觉农93岁，他夫人活到98岁，他说自己长寿的原因就是平常喝茶。庄晚芳教授是全国最有名的茶树栽培专家，提出了“廉美和敬”的茶德，他活到89岁。我们茶学系张堂恒教授，我个人觉得是全世界最有名的评茶大师，他活到80岁，是非正常死亡活到80岁。陈椽教授，六大茶分类是他提出来的，活到92岁。王泽农教授93岁。还有湖南农业大学的陈兴琰教授、陆松侯教授，江苏的张志澄先生，还有中国农科院茶叶研究所的阮宇成教授，他们的寿命都在90岁左右甚至超过90岁。“滇红之父”“机制茶之父”冯绍裘先生也活到88岁。我国最有名的茶界泰斗张天福先生（图3-22）于茶寿辞世。

图3-22 茶界泰斗张天福

现在我们浙江大学的刘祖生教授、茶艺大师童启庆教授、湖南农业大学的施兆鹏教授都已年逾八旬，他（她）们依然活跃在茶学一线。（图3-23）。

现在茶叶界唯一的院士陈宗懋先生，他也年过80岁了，他1933年出生。他比我们还忙，基本上每天都在出差，身体非常好。所以我觉得茶叶界的老专家身体状况都非常好。喝茶长寿的人历史上记载的就更多了。

英国跟美国科学家总结出寿命公式，里面总共有二十几条，我把这里最有意思的几条拿出来。其中一条是：每天喝茶一杯。这一杯的意思不像中国人这么喝法，一杯茶从早上喝到晚上。他们冲泡一次就不喝了，因为他们喝袋泡茶。他们觉得每天喝一杯茶可以让寿命延长半年。下面还有半句话，每天饮用含咖啡碱的

图3-23 浙江大学茶学系刘祖生教授和童启庆教授

饮品，这个不是指咖啡，指的是加了这些合成咖啡碱的饮料，每天喝那些饮料会少活半年。所以你今天一不小心喝了那种饮料，你马上喝杯茶把这个寿命抢救回来。在寿命公式里还包括压力、与亲人的长期分离、认为自己病了、每天抽烟、每天喝酒，这些都会让你寿命减少。

我们这里讲到婚姻，重点讲一下。中国现在每天离婚的有多少？据统计2012年1月份到6月份，180天离婚了94.6万对，平均每天5 256对，至少2万人受影响。据我们统计，喝茶少一些的地方离婚率会高一些，喝茶多一些的地方离婚率会小一些。现在离婚的数量越来越多，最近几年每年都在递增，但是我们觉得喝茶对这方面可能有帮助。刚才已经讲到了，我们将来结婚以后，要对老婆好一些，因为婚姻可以让我们男的多活3年，而对女的没有什么影响。那么，我这里要举个例子，为什么我觉得喝茶可以让离婚率更低一点呢？我们周边国家就是喝茶少，离婚率就比较高。我们浙江大学茶学系是什么时候成立的呢？大家知道吗？到2013年已是60周年了。1952年就有浙江大学茶学系。到今天为止，接近300对在茶学系里面工作过的老师还没有一对夫妻离婚的。

我们曾组织学生做过一些社会调查，调查一些学校，后来发现茶学专业的老师，第一比较长寿，第二离婚率比较低。这些都仅仅是一种现象，到底有没有科学依据呢？我们要去做科学实验，做什么实验？比如我要做延缓衰老实验、长寿的实验，不可能拿人去做的。比如我是科学家，我要证明喝茶到底能不能延长寿命，一定要拿动物去做实验的，社会调查只是一种流行病学的调查。要证实它，我们也不能拿很长寿的动物去做。我们一般会拿很短命的动物。什么动物最短命？苍蝇、蚊子这种动物比较短命，所以我们拿果蝇去做实验。非常有意思，这个表大家看一下（表3–2）。

表3–2 茶儿茶素制剂对果蝇生存实验的影响

茶儿茶素制剂浓度（%）	半数死亡时间（天）		平均寿命（天）		平均最高寿命（天）a	
	雄	雌	雄	雌	雄	雌
普通对照	39	46	40±12	46±13	62±8	70±4
0.01	41	46	42±13	47±12	65±5	71±5
0.02	41	48	42±12	48±13	65±4	71±2
0.06	43	48	44±14*	49±12	70±4*	72±2
0.18	43	55	45±12*	56±10*	70±4*	76±2*

果蝇跟我们人一样，也是“女”的比“男”的长寿很多。“女果蝇”与“男果蝇”的寿命相比相差很大。我们养了几万只果蝇，找出最长寿的，如果它们感情比较好，雄的可以活到62天，雌的活到70天。我们给雄的果蝇喝茶，雌的给它喝水它们都活到70天，它们可以同时生同时死。但是如果我们给雌的果蝇也喝茶呢？寿命可以从70天变成76天，这个实验证实茶叶可以让动物的寿命延长10%左右。所以我们讲，国外友人讲每天喝一杯茶可以让人多活半年，像我们中国人每天喝五杯十杯茶，可以让人多活5到10年，问题不是很大。很多实验也证明茶比维生素类的效果更好。

（二）增强免疫力

第二它能够增强免疫力。增强免疫可以抵抗病毒的入侵，也可以减少肿瘤发生的概率，这个我们也做了很多的实验。

（三）脑损伤保护

中科院生物物理所跟浙江大学联合研究发现茶叶的成分对脑损伤有保护作用，可以防止帕金森氏症。3年前中央台的《新闻联播》报道过这个研究发现。日本的研究也发现70岁以上的老人每天喝茶2到3杯，患老年痴呆症的概率会比较低，记忆力、注意力和语言使用能力要明显高于不喝茶的人，这个也证实茶对脑是有保护作用的。

（四）降血脂

第四个茶的功效，就是它能够降血脂。这个也是非常明确而稳定的，大家如果将来从事茶叶行业工作，你一定要告诉其他人茶叶到底有哪些明确而稳定的功能。茶的成分，尤其是把茶多酚从茶叶里提炼出来做成胶囊、片剂，服用一个月以后他的血脂降下来多少呢？20%左右，而且80%以上的人是有效的，这个就是茶的降血脂作用。80%以上就是几乎所有人都有效。这个实验我们做了很多年，而且也通过上万人的临床实验，效果非常好。据不完全统计，现在我们浙江大学华家池校区的离退休老师至少有85%的老师每天在服用茶多酚片。

（五）养颜祛斑

第五个方面的功能，就是茶能够祛色斑，女性茶友可能比较感兴趣。通过对100位脸上色斑比较多的女性服用茶多酚的临床研究，我们发现年龄在18岁到65岁之间的女性服用一个疗程以后，她们这个色斑面积减少了将近10%。更重要、更有效的是她们这个色斑颜色用比色卡去比，发现褪掉了接近30%。这个对一些老年斑也有一定的作用。我们学校很多老教授80多岁了，也在买这个吃，希望老年斑褪掉一点。

（六）预防肥胖

那么减肥作用呢？大家觉得喝茶能减肥，我觉得预防肥胖效果也非常好。你在胖起来以前多喝茶，一定可以预防肥胖。但是你如果已经很胖了再想通过喝茶减肥效果相对比较差，哪怕你把茶的成分提取出来去做实验。我们也做过很多实验，100个里面只有十几个人有效，因为肥胖的原因到今天为止还没有完全搞清楚。我们上次的人体实验有16个人有效，84个人是没有用的。但是在美国，非常推崇茶的减肥作用。现在中国的茶多酚主要出口到美国，一年超过1 000吨，美国人拿来干什么用，就是做到减肥药品里面去。美国人觉得茶叶的成分能够燃烧脂肪，能够减肥，所以在美国用茶减肥是非常深入人心的减肥方式。

（七）预防高血压

中国现在高血压的比例越来越高，那么饮茶对高血压有什么作用呢？日本做的一个流行病学调查发现每天喝茶的杯数跟高血压威胁的指数成反比。喝茶喝得越多，你得高血压的概率就越低。它的作用机理是茶能够抑制血管紧张素，让血压不升高。以前我们浙江大学医学院也做过一些流行病学的调查，这个是在浙大合并以前做的实验。喝茶的人高血压的平均发生率比不喝茶的可能降将近一半，不喝茶的人是10.5%，喝茶的只有6.2%，说明喝茶是能够预防高血压的产生。现在中国、韩国、日本都有很多利用茶的有效成分来防治心脑血管疾病的药。

（八）解酒

那么茶叶能不能解酒呢？这个我们男生比较感兴趣，我喝醉了以后怎么办？我要增加酒量怎么办？我们做过一些实验证实茶叶是能够解酒的。实验也非常有意思，第一个做的就是茶叶能够抗酒精急性中毒这个实验。这个怎么做？我们养一些实验用的小老鼠，把酒给它灌进去，把这个老鼠给它灌死。一半的实验鼠死掉所用的酒精量叫做LD50，就是半致死剂量。试验发现每公斤体重动物能够忍受的酒精量是10克，就是每公斤体重可以忍受10克酒精，超过10克动物就会死亡一半以上。换算成我们这个人也是一样的，如果你的体重是100斤，让你喝两斤50° 以上的白酒，那么你死亡的概率是50%。在这个灌酒以前，如果给它摄入一些茶的成分进去，本来一半动物已经没有了，现在只有百分之一二十的动物没有了，大部分还活着，这个就是抵抗酒精急性中毒的实验。另外我们还通过其他的实验，如爬竿实验和走迷宫实验也证实茶能够解酒。这个爬竿实验也非常有意思，我们找一个比较大的游泳池，游泳池周边很光滑。有些老鼠不会游泳，丢进去它就淹死了，如果中间给它竖几根竹竿，清醒的老鼠是可以爬出去的。如果它喝醉了，爬到中间就会掉下来。给它摄入一些茶的成分后，部分醉酒的老鼠也可以爬出去了，表示茶能够解酒。走迷宫实验意思也是一样的。

（九）抗癌

茶的第九个功能就是它能够抗癌、能够抗肿瘤。这个也有很多的报道，从1987年到今天全世界发表了将近5 000篇关于茶叶抗肿瘤的文章。茶叶抗肿瘤机理也搞得很清楚了。致癌过程有三个阶段，一个是启动、一个是促进、一个是增殖。茶的成分在不同阶段都可以起到抑制作用。陈宗懋院士写了一篇论文叫做《茶叶抗癌二十年》，发表在2009年的《茶叶科学》上。他认为茶叶之所以能够抗癌，是因为它能够抗氧化、能够抑制癌基因表达、能够调节转录因子等，从而起到抗癌作用。

中国国家食品药品监督管理局，我们叫做SFDA，目前能够审批的保健食品总共有这么27项（表3-3），我们研究发现这里面打星号的就完全可以用茶叶的成分去开发。这里打了五角星的表示已经把它变成产品了。比如说增强免疫、降血脂、降血糖、抗氧化、减肥、祛斑都有这些功能。像我们这里第十项改善睡眠功能，用茶氨酸就可以开发。十几类产品可以用茶的成分去开发。所以将来茶叶的一个发展方向就是把茶的有效成分开发成这些保健品。这也是我们浙江大学茶学系茶叶生化教研室最近10年研究的重点。

表3-3 国家食品药品监督管理局审批的保健食品功能受理范围

1. 增强免疫功能 ★★★★★ ★	2. 降血脂功能 ★★★★★ ★
3. 降血糖功能 ★★★★★ △	4. 抗氧化功能（延缓衰老）★★★★★ ★
5. 辅助改善记忆功能	6. 缓解视疲劳功能
7. 促进排铅功能 ★★★	8. 清咽功能 ★★★★★ △
9. 辅助降血压功能 ★★	10. 改善睡眠功能
11. 促进泌乳功能	12. 缓解体力疲劳功能 ★★★
13. 提高缺氧耐受力功能 ★★★	14. 对辐射危害有辅助保护功能 ★★
15. 减肥功能 ★★★★★ ★	16. 改善生长发育功能
17. 增加骨密度功能	18. 改善营养性贫血功能
19. 对化学性肝损伤有辅助保护功能	20. 祛痤疮功能
21. 祛黄褐斑功能 ★★★★★ ★	22. 改善皮肤水分功能
23. 改善皮肤油分功能	24. 调节肠道菌群功能 ★★★
25. 促进消化功能 ★★★	26. 通便功能 ★★★
27. 对胃黏膜有辅助保护作用	

茶叶里面的一些功能性成分像茶多酚、茶黄素等，作为茶之精华，它们已成为形形色色的健康产品的原料。比如已经开发出来的保健产品“清基1号”，能够清除自由基。“唯酒无量”，大家听这个名字就知道了，拿来醒酒的。茶叶有这么多的功能，所以我们觉得茶产业是这个世纪最有发展前途的产业，称为永不衰败的朝阳产业。

茶知识漫谈

★ 茶与新健康理念

什么是健康？世界卫生组织对健康的五要素作了一个全面的概述。健康不仅仅是躯体上的健康，比如我们常描述一个人很健康时，会说这个人看上去很有精神，走路很快，但事实上，除了身体好外，还要有精神健康、情绪健康、智力健康以及社交健康等。

茶有助于健康。其中，关于茶有助于社交健康，我觉得很容易理解。用图3-24来说明茶有助于精神健康等。这张照片拍于2010年4月8日浙大茶学系屠幼英教授在《健康之路》做客现场，中间那位是我们国家举重队的总教练——陈文斌先生。他就是用茶来管理团队的典型例子。在他们参加国际大赛的时候，通常是十几个小时不吃饭的，非常紧张。后来他想了个妙招，通过喝茶来帮助选手们释放压力。每当队员们获得金牌，他便用最好的茶奖励他们，鼓舞士气。中国几千年来就有客来敬茶的习俗，同时，茶不仅作为民族之间相互增进友谊的一个礼物，也作为国礼。我们国家专门为黑茶里面的砖茶设立了一个款项，补贴砖茶的生产，供给少数民族地区。

茶有助于智力健康，可以这样理解。茶里面有一个很好的成分叫做茶氨酸，茶氨酸有健身益智的功效。当然茶对情绪健康的作用，更容易为我们所理解。当你喝上一杯茶，看到芽叶在杯中漂浮的时候，你的心也随之慢慢平静，特别是烈日炎炎的夏天。可见，茶和健康的关系非常密切。

图3-24 屠幼英教授在《健康之路》做客现场

第四讲

茶鉴赏与茶质量鉴评

中国茶名扬天下，那么中国到底有哪些茶类？这些茶又是如何加工的？影响茶叶品质的因素有哪些，又该如何评鉴？日常生活中我们该如何喝茶、赏茶和评茶？

杭州晓满茶书屋　胡廷 摄

本讲介绍中国的六大茶类及其加工工艺；茶的色香味形的种类与成分；影响色香味形的各种因素；茶叶感官审评的基本方法；茶叶质量感官审评结果的判定：均为日常生活中喝茶、赏茶和评茶的基本知识。

一、从制茶工艺谈六大基本茶类

茶叶的分类标准很多，可以按原料采摘季节分为春茶、夏茶、秋茶和冬茶；按茶叶成品的聚合形状分为散茶、砖茶、末茶等；按茶叶干茶的具体形状可分为扁形茶、圆形茶、针形茶、朵形茶、曲卷形茶等；按茶树生长的环境可分为高山茶、平地茶等；按茶叶加工程度可分为初加工茶、精加工茶、再加工茶和深加工茶。通常所说的红茶、绿茶，是以茶叶初加工工艺中鲜叶是否经过酶性氧化以及酶性氧化程度为标准划分的。

六大茶类加工工艺及品质特征如图4-1所示。

	茶类	加工工艺	品质特征
非酶性氧化茶类	绿茶	鲜叶—摊放—杀青—揉捻—干燥	绿叶绿汤
	黄茶	鲜叶—杀青—揉捻—干燥（初干＋闷黄）	黄叶黄汤
	黑茶	杀青—揉捻—晒干—渥堆—紧压	叶色黝黑，汤色褐黄或褐红
酶性氧化茶类	白茶	鲜叶—萎凋—晾干	干茶茸毛多，呈白色，汤色浅淡
	青茶（乌龙茶）	鲜叶—晒青—晾青—做青—炒青—揉捻（包揉）—烘焙	绿叶红镶边，汤色金黄
	红茶	鲜叶—萎凋—揉捻（揉切）—发酵—干燥	红叶红汤（或橘黄、橙红）

图4-1 六大茶类加工工艺及品质特征

我国众多的名优茶，除了具有所属茶类的基本的品质特征外，还具有自己独有的特征。以下（图4-2～图4-11）为六大茶类中的名优茶，大家可以通过这些图片更好地理解学习六大茶类的品质特征。

（一）绿茶

品质特征：清汤绿叶，属不发酵茶。

加工工艺：鲜叶→杀青→揉捻→干燥。

杀青是绿茶中的关键工序，杀青指通过高温使酶失去活性，阻止鲜叶内化学成分发生酶促氧化，保持清汤绿叶品质。

绿茶是人类制茶史上最早出现的加工茶。原始社会后期，人们摘下茶树鲜叶，鲜食或晒干保存。随着生产力水平的不断提高，人们开始对鲜叶进行加工，三国时期开始做饼茶，至唐朝创制蒸青团茶，宋代末期开始做蒸青散茶，明代完善炒青散茶制法。

根据加工工艺中杀青方式的不同，绿茶可分为蒸青和炒青。蒸青即利用高温蒸汽进行杀青，蒸青绿茶的成品茶具有“干茶绿、汤色绿、叶底绿”的“三绿”特征。现在国内生产的蒸青绿茶有湖北的恩施玉露、广西的巴巴茶等。蒸青制茶由唐代传入日本后备受推崇，至今已成为日本茶的主要产品，如碾茶（抹茶的原料）、煎茶、玉露等。炒青即利用锅炒高温进行杀青，此法在明代得到发展和完善，并一直沿用至今，是现在大多数名优茶的制法。

根据加工工艺中干燥方式的不同，绿茶可分为晒青、烘青和炒青。

晒青：直接利用阳光进行干燥的绿茶制法。如云南省的滇青，可作沱茶和普洱茶的原料。

烘青：利用烘干方式进行干燥的绿茶制法。烘青常作为花茶的原料，俗称“素茶”“茶坯”，加鲜花窨制后成花茶。部分名优绿茶也采用烘青制法，如安吉白茶、黄山毛峰、太平猴魁、雪水云绿等。

炒青：利用锅炒方式进行干燥的绿茶制法，如西湖

径山茶

开化龙顶

西湖龙井

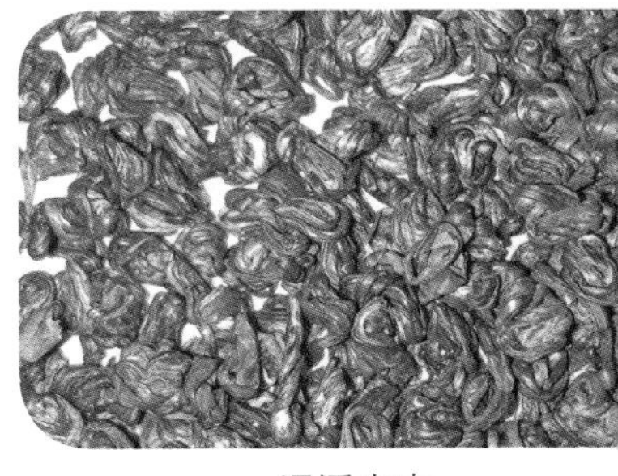
涌溪火青

图4–2 名优绿茶类

龙井、洞庭碧螺春、前岗辉白等。

（二）黄茶

品质特征：黄汤黄叶。

加工工艺：鲜叶→杀青→（+闷黄）→揉捻→（+闷黄）→干燥（初干+闷黄）。

闷黄是黄茶制作中的关键工艺，在湿热闷蒸作用下，叶绿素被破坏而产生褐变，成品茶叶呈黄色或黄绿色。闷黄工序还令茶叶中的游离氨基酸及挥发性物质增加，使得茶叶滋味甜醇，香气浓郁，汤色呈杏黄或淡黄，故名。

黄芽茶：全芽，如君山银针、蒙顶黄芽、霍山黄芽等。

黄小茶：一芽一二叶，如沩山毛尖、鹿苑茶、温州黄汤等。

黄大茶：一芽三四叶，如霍山黄大茶、广东大叶青等。

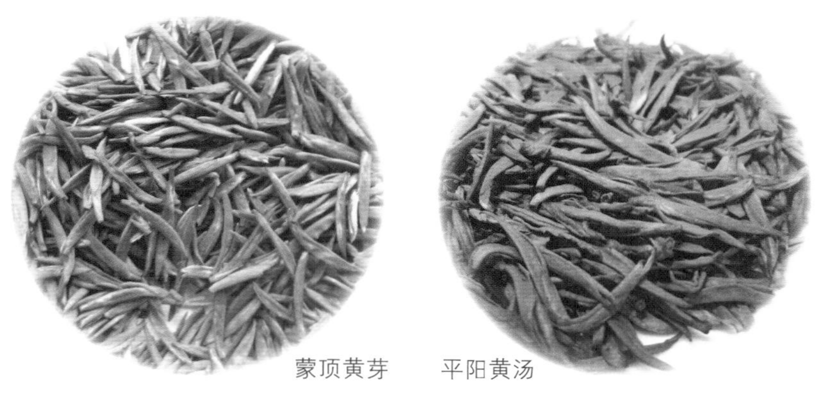

蒙顶黄芽　　平阳黄汤

图4-3 名优黄茶类

（三）黑茶

品质特征：干茶色泽黑褐油润，汤色褐黄或褐红，滋味醇和无苦涩。

加工工艺：杀青→揉捻→晒干→（晒青毛茶）→渥堆→压饼。

渥堆是黑茶加工中的关键工艺，它是指在特定的微生物菌落和一定的湿热作用下茶叶的后发酵过程，在此过程中，大量苦涩味的物质转化为刺激性小、苦涩味弱的物质，水溶性糖和果胶增多，形成黑茶的特有品质。

黑茶按产地分为：

云南普洱茶：七子饼茶、沱茶、砖茶、紧茶等；

广西六堡茶；

湖南黑茶：安化黑茶、千两茶、三尖（天尖、贡尖、生尖）、三砖（黑砖、花砖、茯砖）等；

湖北老青砖；

四川边茶：康砖茶、金尖茶、方包茶等。

①藏茶
②藏茶金尖
③老青砖
④沱茶
⑤沱茶
⑥金典茯砖
⑦六堡茶

图4-4 名优黑茶类

（四）白茶

品质特征：干茶外表满披白毫，绿叶红筋，属微发酵茶。

加工工艺：鲜叶→萎凋→自然干燥（或烘焙）。

萎凋是白茶制作的关键工艺，鲜叶采制后自然萎凋，轻微发酵，不炒不揉，自然干燥而得。白茶按原料嫩度分类，有全芽的白毫银针，有一芽二叶的白牡丹，有一芽二三叶的贡眉，还有单片叶的寿眉。新制白茶其汤色浅淡，滋味清淡。民间认为白茶三年是宝，五年是药，长时间陈放后的白茶滋味越趋醇厚，汤色趋于黄色或橙色。

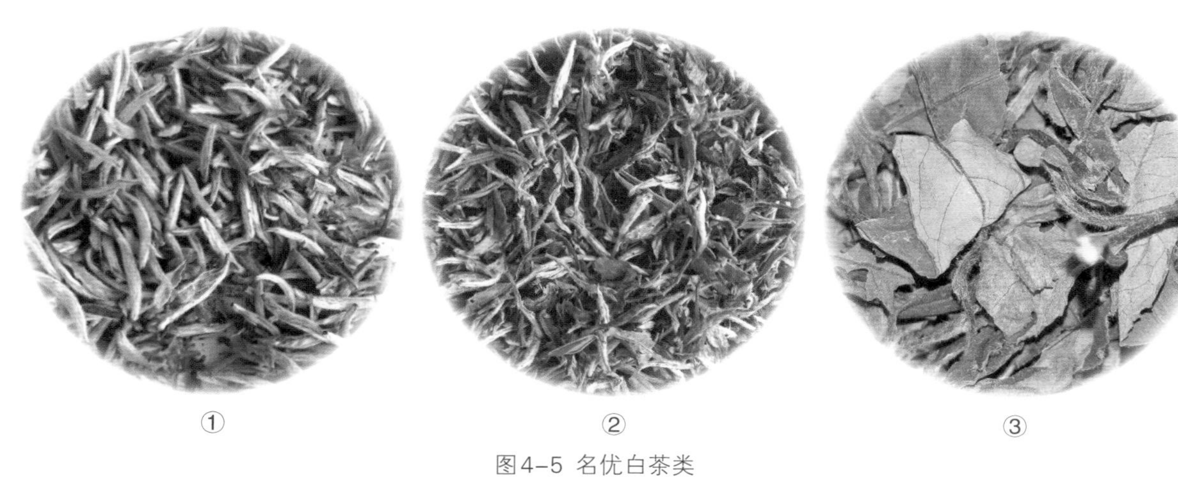

① ② ③

图4-5 名优白茶类

①白毫银针 ②白牡丹 ③贡眉

（五）乌龙茶（青茶）

品质特征：叶底绿叶红镶边，高香。

加工工艺：鲜叶→晒青→晾青→做青→杀青→揉捻（包揉）→烘焙

做青是乌龙茶加工中的关键工序。做青指通过机械碰撞使叶片发生局部氧化，所以乌龙茶具有绿叶红镶边的特征。做青过程中鲜叶的香气有了复杂而丰富的变化，原本的青味逐渐向花香、果香、蜜香转变，因此乌龙茶多具高香。

乌龙茶按产地可分为4类：

闽北乌龙：以武夷岩茶为主，如大红袍、肉桂、水仙、铁罗汉、白鸡冠、水金龟等；

闽南乌龙：如铁观音、漳平水仙、白芽奇兰、永春佛手等；

广东乌龙：如凤凰单丛、凤凰水仙、岭头单丛等；

台湾乌龙：文山包种、阿里山茶、冻顶乌龙、梨山茶、东方美人等。

图4-6 名优青茶类（闽北乌龙）

①大红袍 ②武夷肉桂 ③武夷水仙

图4-7 名优青茶类（闽南乌龙）

①白芽奇兰 ②铁观音 ③漳平水仙

① ②

图4-8 名优青茶类（广东乌龙）

①黄枝香单丛 ②蜜兰香单丛

① ② ③

图4-9 名优青茶类（台湾乌龙）

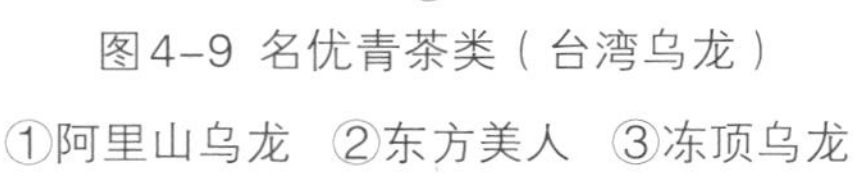

①阿里山乌龙 ②东方美人 ③冻顶乌龙

（六）红茶

品质特征：干茶色泽乌黑油亮，有些带金毫，汤色橙黄或橙红或红艳明亮，叶底红艳明亮。

加工工艺：鲜叶→萎凋→揉捻（切）→发酵→干燥。

发酵是红茶加工中的关键工序。茶叶经过揉捻或揉切的过程，充分破坏茶叶细胞，茶多酚在自身酶作用下发生氧化反应，生成了茶黄素、茶红素、茶褐素等红茶中特有的茶色素，与红茶中的氨基酸、蛋白质、糖、咖啡碱、有机酸等物质共同形成了红茶的红叶红汤的品质特征。

根据初制工艺的不同，红茶的成品品质亦不同，故有小种红茶、工夫红茶与红碎茶之分。

小种红茶：如正山小种，有明显松烟香、桂圆味，是红茶的始祖。

工夫红茶：又称为“条红茶”，条索完整，制作精细，如九曲红梅、金骏眉、滇红、祁红、宜红、川红、越红、湘红等。

红碎茶：又称为分级红茶，是国际茶叶市场的大宗商品，占世界茶叶总出口量的80%左右。红碎茶可分叶茶、片茶、碎茶和末茶，后两者常用于做袋泡茶。

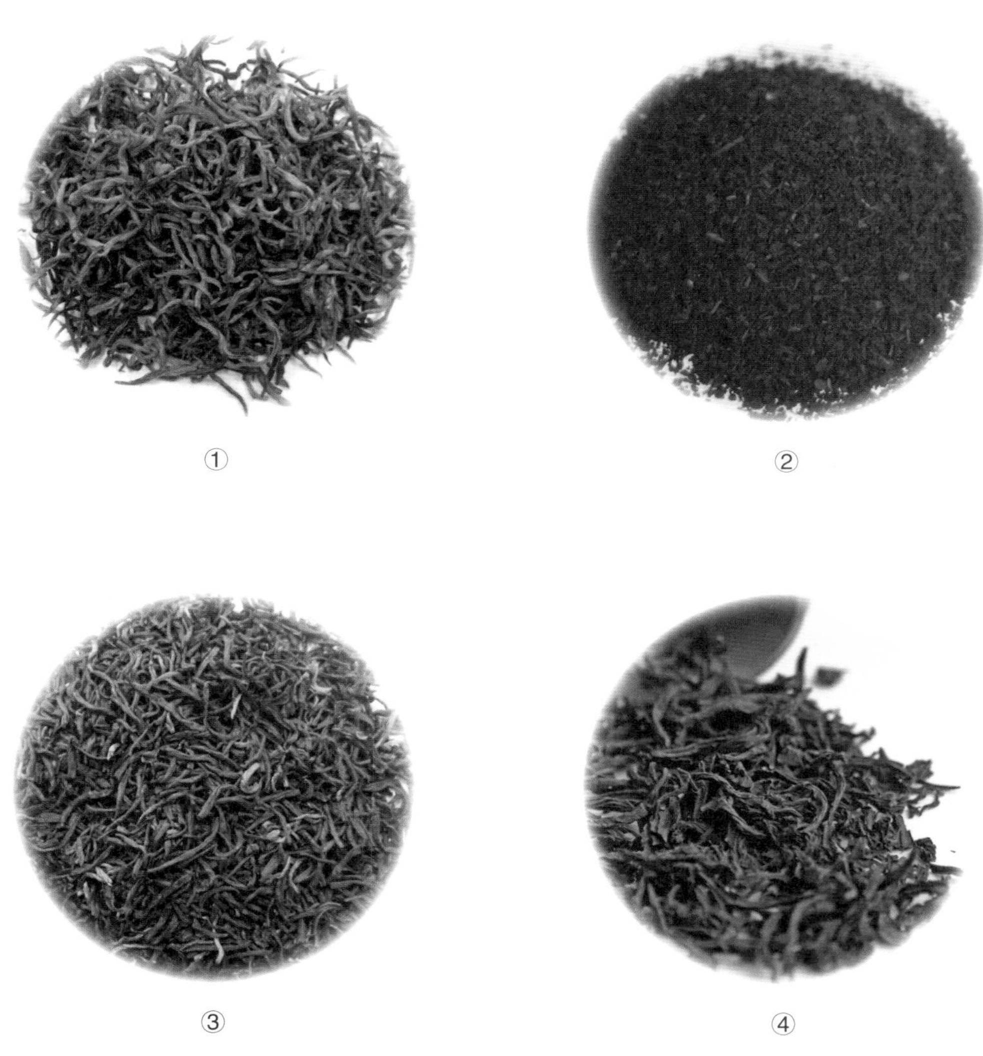

图4-10 名优红茶类（干茶）
①滇红工夫 ②红碎茶 ③祁门红茶 ④正山小种

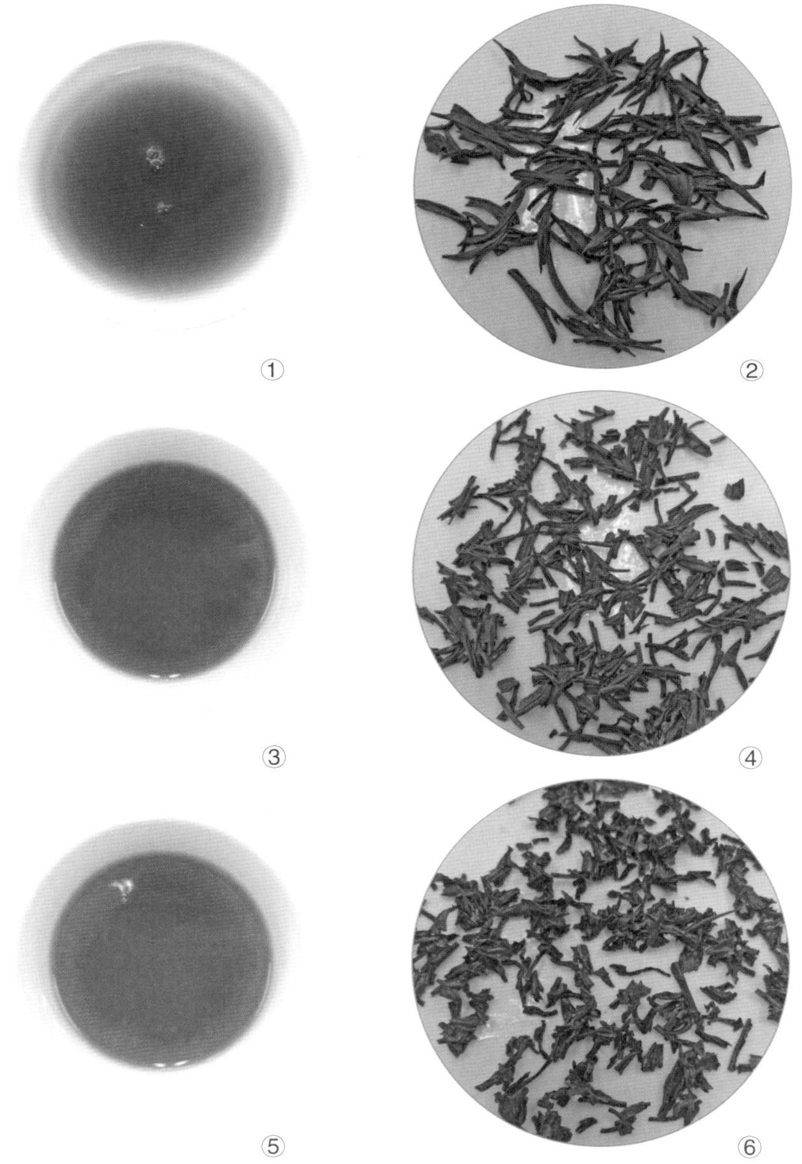

图4-11 名优红茶类（叶底和茶汤）

①滇红汤色 ②滇红叶底 ③祁红汤色 ④祁红叶底 ⑤小种红茶汤色 ⑥小种红茶叶底

二、茶鉴赏

（一）茶色

茶叶的色泽由干茶的色泽、汤的色泽和叶底的色泽3个部分组成（图4-12）。茶叶当中的色泽主要是鲜叶当中的内含成分及其在加工过程当中不同程度的降解、氧化聚合变化的一个总反映。茶叶色泽是我们茶叶命名和分类的重要依据。红茶、绿茶、乌龙茶、黑茶命名和分类的色泽依据又是辨别茶叶品质优次的一个重要的因素。我们在审评茶的时候或是在喝茶的时候，都要观色。颜色也是茶叶主要的品质特征之一。

茶叶的化学成分当中，有色物质有叶绿素、叶黄素、胡萝卜素、花青素和黄酮类物质。其中，叶绿素、叶黄素和胡萝卜素是脂溶性的，不溶于水，所以与干茶的颜色、叶底的颜色相关。花青素和黄酮类物质，包括茶黄素等氧化产物是水溶性物质，所以跟茶汤的形成有密切的关系，茶汤的颜色就是茶多酚及其不同程度的氧化产物所表现出来的。影响色泽的主要因素有：

1. 加工工艺与技术

茶叶加工产生很多变化，除了鲜叶当中的成分，加工中产生的茶红素、茶黄素、茶褐素以及茶多酚的非酶性氧化、叶绿素的降解等表现出来的一些特征都对色泽产生影响。首先，我们上一讲提到六大茶类，不同的茶类形成不同的产品，可以说五颜六色的产品是做出来的，绿茶是清汤绿叶，红茶是红汤红叶，黄茶是黄汤黄叶，乌龙茶是绿叶红镶边，不同的颜色是依靠加工工艺做出来的。第二，茶叶的色泽和加工的技术有关，加工的技术跟每一种茶的关键性工序及其温度有关。绿茶的杀青方式如采用蒸汽杀青，茶叶是深绿色的，如采用滚筒杀青的则是翠绿色。发酵程度深的红茶比较红，相对而言发酵得浅的就是橙红色。乌龙茶的摇青程度摇得浅一些，如轻发酵乌龙，颜色就很接近绿色或者蜜绿、蜜黄色。普

图4-12 干茶、汤色、叶底

洱茶的陈化时间不一样，颜色也不一样，像五年陈、十年陈、三十年陈的普洱茶颜色都不一样。

2. 鲜叶原料

茶叶的颜色跟鲜叶密切相关。鲜叶主要是与品种、环境和栽培技术有关，其中最重要的因素是品种。如图4-13中的毛蟹、红心观音、乌牛早、白叶1号这四个品种，白叶1号也就是制作安吉白茶的品种，可以发现，白叶的颜色比较浅，而乌牛早比较深。

白叶1号

红心观音

毛蟹

乌牛早

图4-13 不同茶叶品种

干茶色泽，五彩缤纷，从绿到黄到红到黑，千变万化（图4-14）。绿茶的不同色泽有翠绿、嫩绿、深绿，而大叶种做的绿茶有点褐黄，绿中带褐黄。

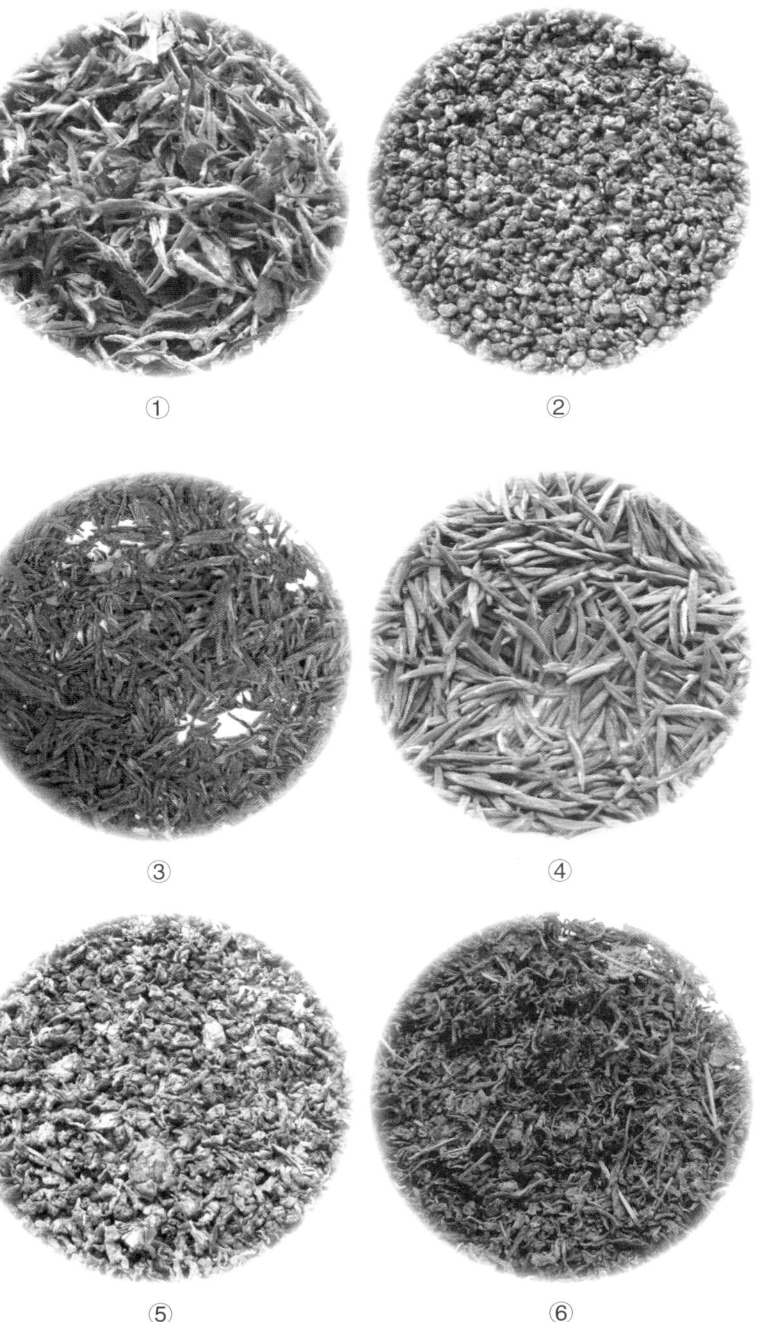

①白牡丹
②冻顶乌龙
③六安瓜片
④蒙顶黄芽
⑤铁观音
⑥六堡茶

图4-14 不同茶叶的干茶色泽

茶叶的色泽里面最美丽、变化最多的就是茶汤的颜色。名优绿茶的颜色嫩绿明亮，带毫的单芽茶浅绿明亮，比较低档的眉茶的颜色黄明，眉茶的颜色是由于非酶性氧化程度比较深所以泛黄（图4–15）。

黄茶的颜色为杏黄明亮，是茶多酚和茶多酚非酶性氧化所产生的物质所形成的茶汤的颜色（图4–16）。

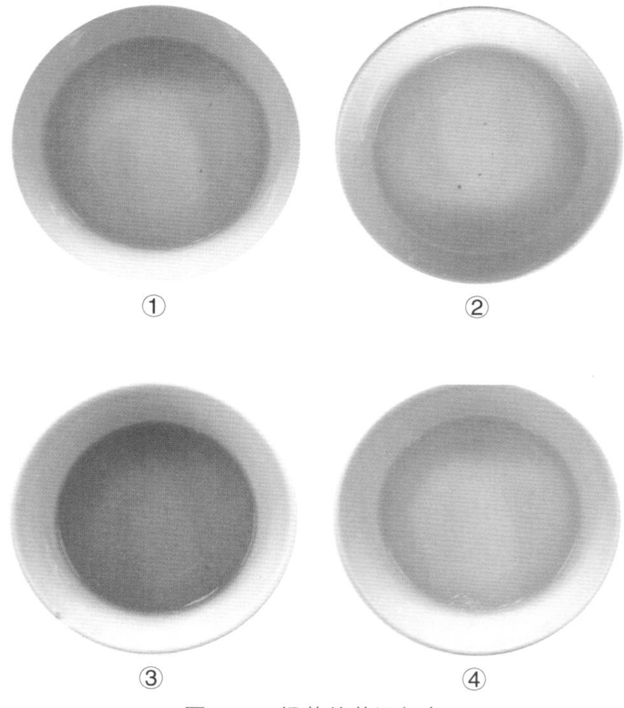

图4–15 绿茶的茶汤颜色
①大宗绿茶 ②带毫的单芽茶 ③较低档的眉茶 ④名优绿茶

图4–16 黄茶的茶汤颜色

白茶、乌龙茶、红茶、普洱茶、黑茶所形成的颜色主要是茶多酚的酶性氧化，氧化的程度不一样，保留量不一样，相对分子质量不一样，表现出来的颜色也不同（图4-17）。

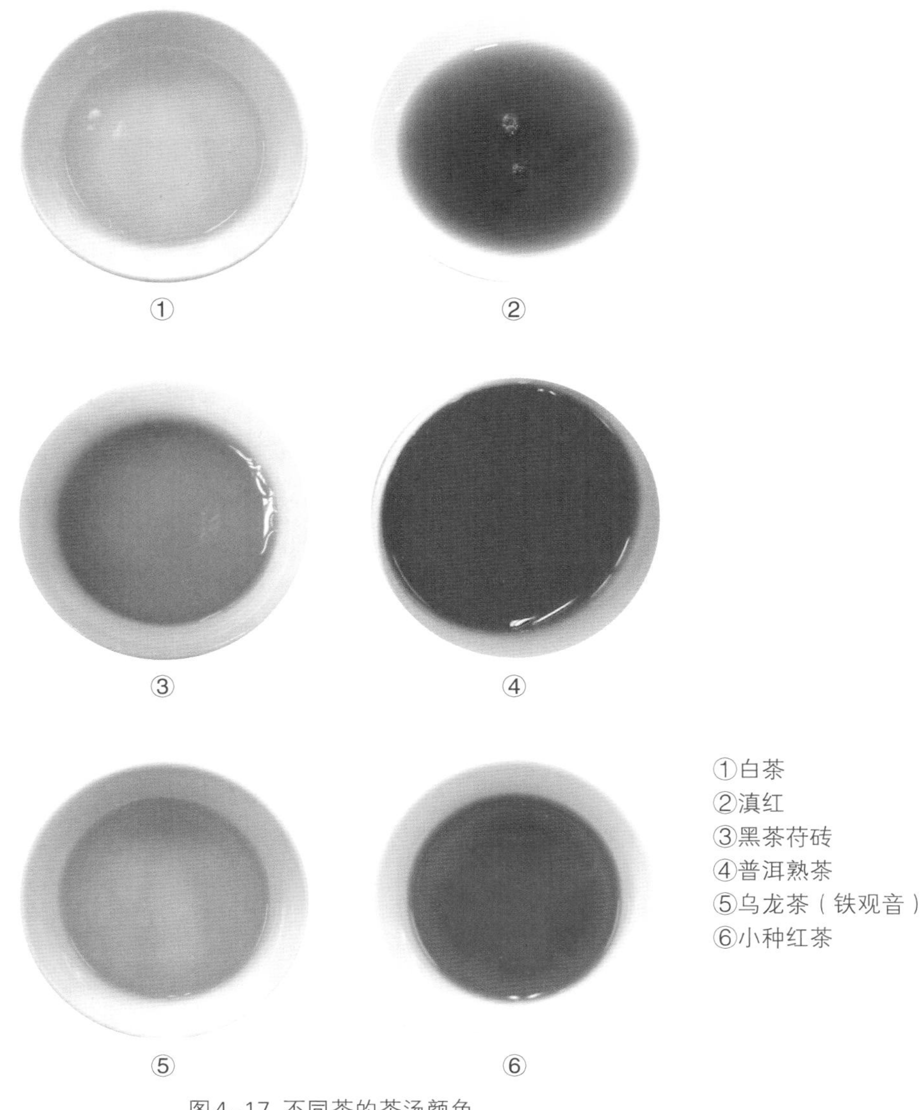

图4-17 不同茶的茶汤颜色

茶汤的颜色从绿一直到深红中间有很多的过渡，特别是茶多酚进行酶性氧化，是一系列的，表现出来的颜色会变红；而非酶性氧化不会变红，会变黄。同一个茶，我们用不同的水泡出来的颜色也不一样。茶汤的颜色和冲泡用水的pH值、矿物元素的种类及含量有关系。这个实验是用不同的纯净水去泡茶，比较偏碱的泡出来的颜色深，偏酸的泡出来的颜色浅，所以不同的水泡出来的颜色不一样，变化也比较多（图4-18）。

图4-18 茶汤的色泽与水的pH值及矿物元素关系实验

颜色的第三个部分就是叶底的颜色，叶底的颜色是指泡开后茶叶所展现出来的颜色。世界上大部分茶是袋泡茶，在袋里面消费者无法观察；而中国茶除了品饮之外还要赏色，赏叶底，茶的叶底的颜色非常漂亮（图4-19）。黑茶的叶底颜色在六大茶类当中是最深的，深褐色比较黑，这也是为什么叫黑茶的原因之一。

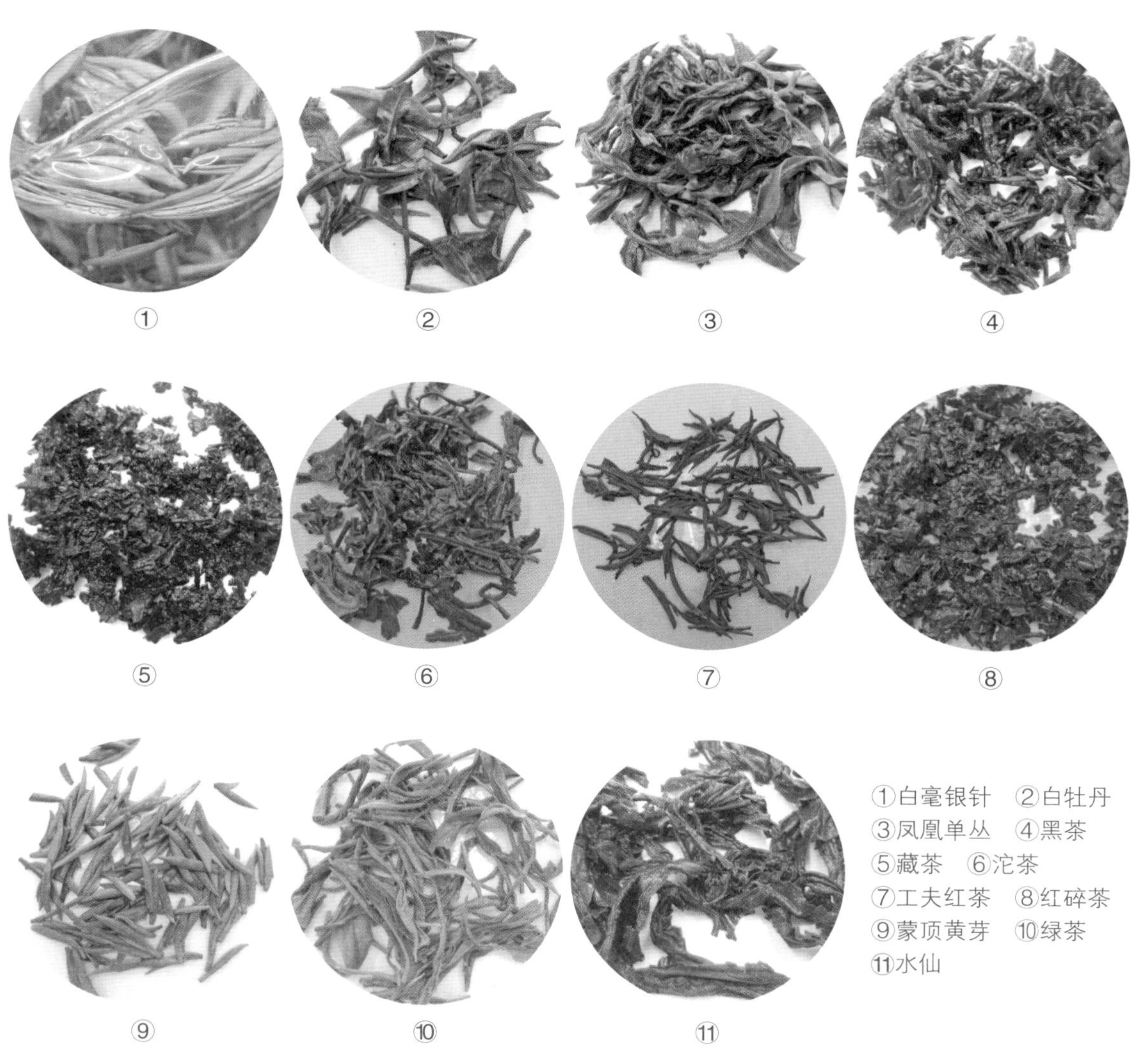

①白毫银针 ②白牡丹
③凤凰单丛 ④黑茶
⑤藏茶 ⑥沱茶
⑦工夫红茶 ⑧红碎茶
⑨蒙顶黄芽 ⑩绿茶
⑪水仙

图4-19 不同茶叶的叶底

（二）茶香

第二个部分，我们讲茶叶的香，茶叶的色香味形中香是很重要的。闻香观色，茶叶中的香，从物质上来说含量非常微小，只有0.003% ~0.005%，但是物质的种类非常多，有四五百种；从类别上讲非常的广，有醇类、醛类、酮类、酸类、酚类、萜烯类、酯类等。我们在品尝的过程当中，可以感觉到其中的丰富和变化。茶叶当中香气的成分和你感觉到的香型是相关的，茶叶当中的芳樟醇、苯乙醇、香叶醇等，你感觉到的是甜香、花香和木香；丁酸－顺－3－己烯酯等你感觉到的是鲜爽的味道；一些醛类你感觉到的是新鲜的茶的味道；吡咯、吡嗪类你感觉到的是烘炒的香气。物质不一样，你感觉的香就不一样，而且变化多。人的感觉是非常特别的，浓的和淡的茶叶在品尝的时候感觉是不一样的，所以对研究来说也带来比较多的困难，因为同一种物质在不同的浓度下，感觉到的是不一样的。

（三）茶味

第三是茶的滋味，茶的味道在茶叶当中应该说是最重要的，因为茶除了观色泽、赏形状之外，最重要的是喝。茶是饮料，它的饮用价值主要体现在茶汤中对人体有益的成分的多少。我们在第三讲介绍了茶多酚对人体的保健功能以及茶氨酸对人体的有益的作用，那么这些物质在我们茶汤当中到底含量有多少呢？除此之外，滋味当中有味的物质组成的比例适不适合消费者的要求，也就是喝起来是不是好喝，也十分关键。

影响茶的滋味的物质，主要有茶多酚及其氧化产物、氨基酸、咖啡碱、糖类、果胶类等。影响滋味的因素首先是鲜叶，鲜叶是物质基础，直接或者间接地影响着茶叶的滋味。茶叶当中的涩味物质有茶多酚，它有收敛性，其中儿茶素有酯型的、有非酯型的，酯型儿茶素涩味更重一点，非酯型儿茶素口感比较爽，也就是滋味比较醇爽。鲜味物质是氨基酸，占干物质总量的1%到8%，也有些高氨基酸的品种，比如说安吉白茶。甜醇类物质主要是指单糖、双糖还有果胶。苦味物质是咖啡碱以及有些氨基酸。影响滋味的另外一个因素是加工，同样一个茶原料可以做成红茶、绿茶、乌龙茶、白茶、黄茶，感觉是不一样的，工艺也是非常关键的。

（四）茶形

第四个方面，色香味形中的形，茶叶的形状是形成茶叶品质的重要因素，特别是对我们国家来说，在品茶的时候我们特别注重赏茶，所以它是区分我们茶叶品种、品质的重要因素。茶叶的形状分成干茶的形状和叶底的形状。干茶的形状就是我们说的茶叶的形状。茶叶的形状除了受到品种和栽培技术影响之外，主要是受茶叶加工工艺和技术的影响，就是在加工过程当中使用不同的外力想把它做成什么样的形状，制法不一样，形状也不一样。我们国家的名优茶千姿百态，有各种各样的名优茶类型，种类非常丰富。不同的茶类有自己固定的形状，名优茶造型非常丰富，我们把它分成多种类型。

1. 曲卷形

其中最有名的是江苏的碧螺春以及蒙顶甘露，另外还有山东的雪青、云南的白洋曲毫、湖南的洞庭春、云南的苍山雪绿、江西的顶上春毫等，还有我们浙江的径山茶、湖南的高桥银峰，都是曲卷形的，造型非常美观。

图4-20 曲卷形名优绿茶

①碧螺春 ②蒙顶甘露 ③山东雪青 ④白洋曲毫 ⑤洞庭春 ⑥苍山雪绿 ⑦顶上春毫 ⑧径山茶

2. 扁平形（剑形）

扁平形的，如龙井茶，还有云南的保红茶、山东的春山雪剑。

图4-21 扁平形名优绿茶

①龙井茶 ②保红茶 ③春山雪剑

3. 针形（月牙形）

我们所说的针形其实有两类，一类是月牙形的，是用单芽做成的，理条直的就是直芽，自然干燥就是弯的，像个月亮。月牙形的有太湖翠竹、雪水云绿、金山翠芽、采花毛尖等。另外一类针形的就是搓的，像南京雨花茶、安化松针，是一芽一叶做成的。

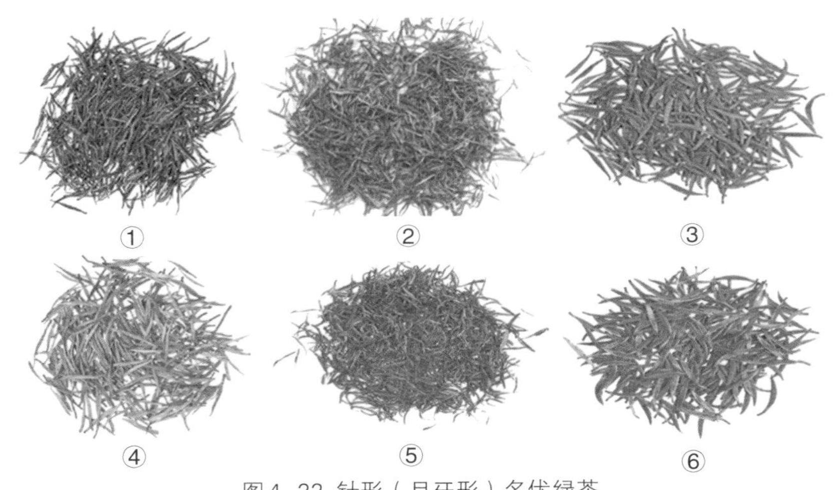

图4-22 针形（月牙形）名优绿茶

①安化松针 ②雨花茶 ③雪水云绿 ④桂林银针 ⑤金山翠芽 ⑥采花毛尖

4. 花朵形

花朵形的有安吉白茶，有时候也讲是燕尾形的，因为其一芽一叶呈直条。长兴紫笋也是花朵形，它是自然干燥的，理条的功能比较少。霍山黄芽也是花朵形的，比较典型。太平猴魁是非常有特色的一个茶，传统的是两叶抱一芽，为玉芽形；而现在的太平猴魁是扁平的，接近于一条。

①　　②　　③　　④

图4-23 花朵形名优绿茶

①安吉白茶 ②长兴紫笋茶 ③霍山黄芽 ④太平猴魁

5. 圆形

圆形的有浙江的名茶羊岩勾青、安徽的浮山翠珠、浙江的临海蟠毫、安徽的涌溪火青，还有浙江嵊州的前岗辉白。

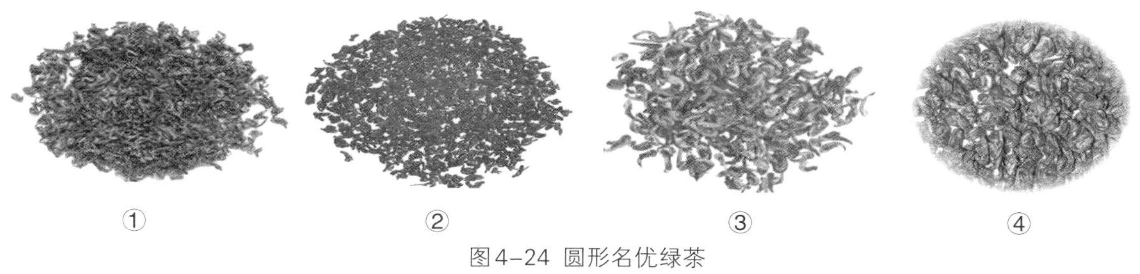

①　　②　　③　　④

图4-24 圆形名优绿茶

①羊岩勾青（浙江）②浮山翠珠（安徽）③临海蟠毫（浙江）④涌溪火青（安徽）

6. 人工造型茶

人工造型茶，像黄山的绿牡丹、福建的绿塔。还有压制成各种形状的工艺茶，用花和茶包扎起来，像茉莉仙子等这些工艺茶，做成各种各样的形状。

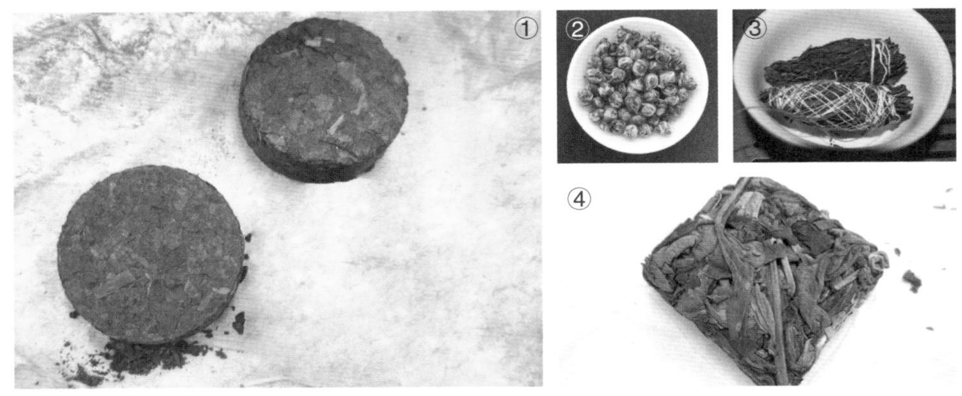

图4-25 人工造型茶

①藏茶 ②龙珠 ③宁红龙须茶 ④漳平水仙

绿茶除了名优茶造型丰富多彩外，大宗绿茶也有其独特的造型。

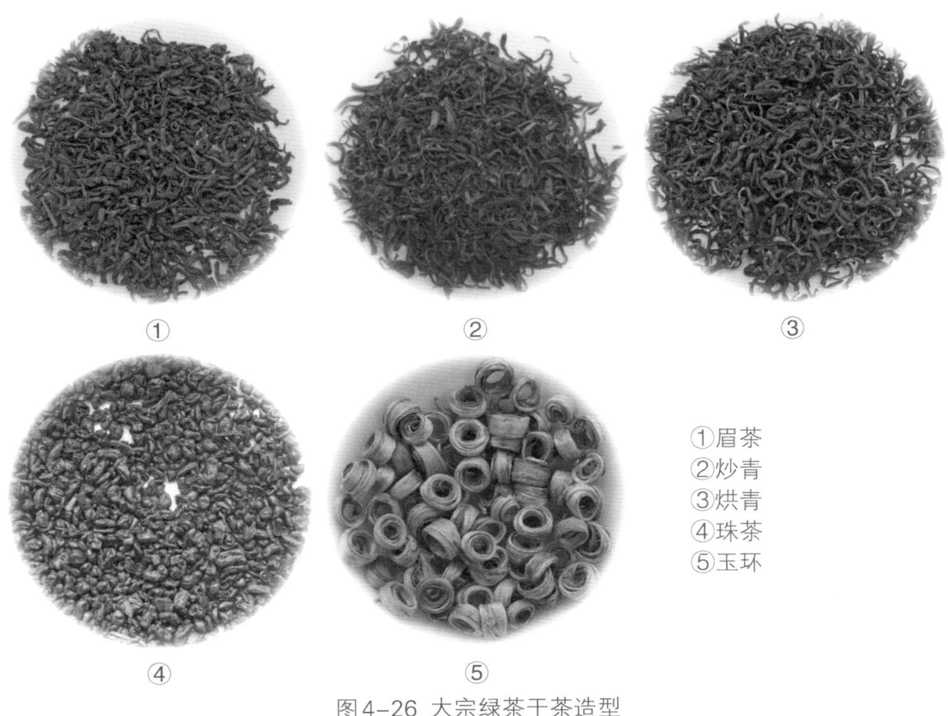

图4-26 大宗绿茶干茶造型

下面我们来看看其他茶类的主要造型。

红茶：

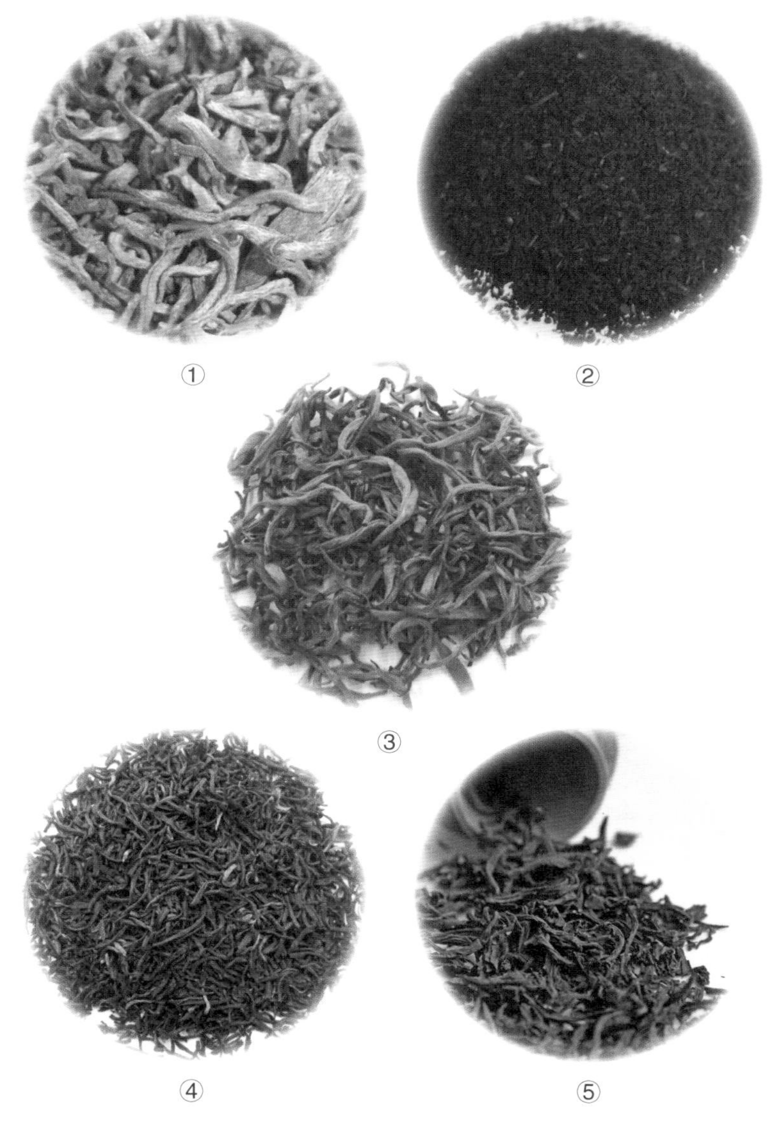

图4-27 红茶干茶造型

①滇红工夫茶 ②红碎茶 ③金芽茶 ④祁红工夫 ⑤小种红茶

大红袍

凤凰单丛

铁观音（重焙火）

图4-28 乌龙茶干茶造型

乌龙茶：凤凰单丛、大红袍是揉捻的，属干条形。铁观音是包揉的，属于颗粒形，传统的是卷曲形或者蝌蚪形。

白茶：白毫银针是单芽的，白牡丹是一芽一叶。

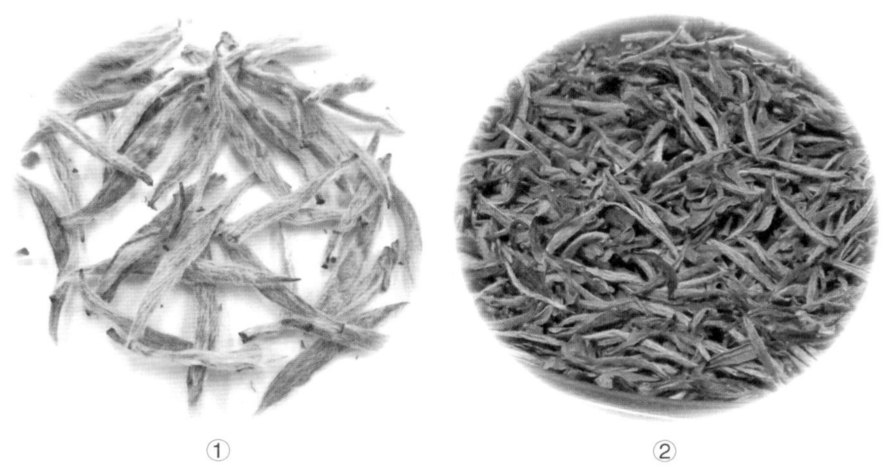

① ②

图4-29 白茶干茶造型

①白毫银针 ②白牡丹

黄茶：

图4-30 黄茶干茶造型

黑茶：黑茶的形状，市场上能够看到的就更多了，特别是现在的普洱茶，各种各样的形状都有，传统的有普洱方茶、沱茶、花卷、湖北的老青茶、米砖、心脏形的紧茶、金尖、康砖。花卷在历史上是作为我国的边销茶，也就是做奶茶的原料。

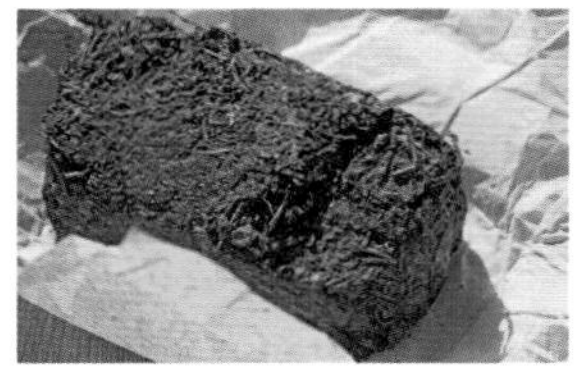
康砖（李韬 摄）

紧茶（李韬 摄）

花卷茶（湘茶堂）

图4-31 黑茶干茶造型

三、茶叶质量鉴评

（一）对专业实验室环境条件要求

1. 面积与环境要求

我们在茶叶质量评判的过程当中，有个专业的实验室（图4-32），实验室的要求就是房间朝北，光线变化小一点，柔和一点，里面的空气要比较好，然后气温控制在20℃左右，相对湿度70%，噪声不超过50分贝。这些条件都是人体感觉最舒适的条件，就是让你在一个很舒服的环境当中来判别这个茶叶质量的好坏，判别出来的结果也会比较准确。另外面积要求15平方米以上。

2. 设备用具与摆放

评茶设备包括干评台、湿评台，图4-33中桌面黑的是干评台，白的是湿评台。还有一些专业的器具，审评盘是白色的，审评的杯碗是专用的，然后是叶底盘。先用黑色的100毫米 × 100毫米的叶底盘，此盘市场上没有销售，需要自己加

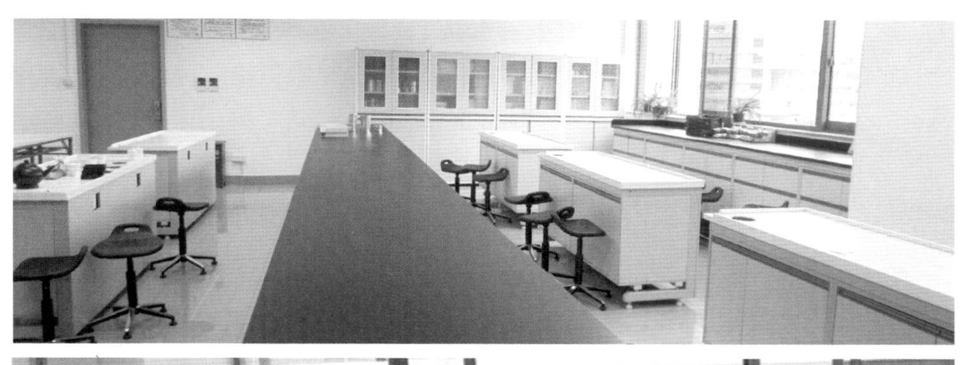

图4-32 浙江大学茶学系本科生茶叶审评教学实验室（上）和科研用茶叶审评室（下）

图4-33 茶叶审评用具

工。然后再用搪瓷盘，规格比较多，标准是230毫米×170毫米×20毫米，加水让叶底在盘中漂浮仔细鉴评。除这些以外，还要天平、计时器、烧水壶等。用具不复杂，但要专业，这些在我们国家标准是有规定的。

（二）茶叶质量的鉴定方法

茶叶质量的鉴定方法就是我们怎么样去鉴别茶叶。茶叶外观就是去看形状，比如龙井是扁的，碧螺春是曲卷如螺的，太湖翠竹是月牙形的。先看外观，第二看嫩度，第三方面看颜色，就是干茶的颜色，第四是看整碎度。湿评就是开汤之后，评香，评汤色，评滋味，评叶底，茶叶审评就是看外观和内质。鉴定的方法和技术主要是指先评内质，后评外形。这主要是担心受主观影响，看了这个茶以后很漂亮，就想这个茶肯定很好喝，但是其实不一定，所以为防止先入为主，先评内质，后评外形。

1. 内质审评

内质的审评首先评汤色，然后是香气审评3次：热嗅、温嗅、冷嗅，其中在温嗅之后评滋味，滋味评好之后评冷嗅，最后看叶底，就是泡好之后的茶渣。

在茶叶鉴评之前我们先要进行茶汤的准备，标准的方法是称3克茶叶，放在150毫升的标准杯当中，加入沸水，冲泡2分钟到5分钟，然后滤出茶汤，按照汤色、香气、滋味、叶底进行评判。这里要注意的是，假如说我们自己品饮的话绿茶不一定要冲沸水，但是我们在鉴定品质的时候，我们要求沸水，因为沸水冲下去最能够去体会它最本质的品质，假如说有些缺点在开水下是容易暴露出来的，而用七八十度的水是不一定能够表现出来的。所以我们喝茶的时候，是用80℃、90℃或者95℃的水去泡绿茶以及一部分红茶，那么我们审评的时候，就要100℃的水。观察汤色，先看汤的类型，然后看亮的程度，汤的类型没有好坏之分，但是明亮的程度有好坏之分，好的茶是比较亮的。像图4–34中，绿茶的汤色，左边这个汤很漂亮，右边这个相对要次一点。

黑茶渥堆变化过程当中茶叶的色度会变化，所以我们就观看它的色度，观看它的明亮度（图4–35）。

图4–34 绿茶汤色

图4–35 黑茶汤色

香气的审评，我们主要评香气的高低、纯正，纯正就是没有不好的味道，没有杂味。然后评香型，看持久性。我们去辨茶香气的时候，热的时候可以辨香气有没有不良的杂的味道，温嗅的时候一般是45℃到50℃，热嗅的时候是70℃左右，冷嗅就是室温。温嗅的时候，评香气的类型、质量的高低。冷嗅的时候，评持久性。不同的茶香气是不一样的，绿茶有嫩香，红茶是比较甜香的，乌龙茶是各种各样的花香，普洱茶是陈香，黄茶是甜香。

滋味审评就是我们怎么样去辨别茶好喝不好喝。如果我们从消费的角度可以简单讲自己喜不喜欢，从滋味审评的专业角度讲你还要辨别它味道的类型——浓的还是淡的，醇的还是涩的。一般是喝5毫升茶汤，还要停顿1到2秒钟，因为舌头对滋味的感觉各个部位是不一样的，所以不是直接就喝下去，让茶汤先后在舌尖两侧和舌根滚动，要体会一下，感受一下茶中的香和味。

另外，评叶底，看叶底的嫩度（图4–36）、均匀度和色泽（图4–37）。鉴定的时候，要把形状、嫩度鉴定出来，把色泽描述出来。

①

②

③

图4–36 叶底形状、嫩度

①单芽 ②一芽二叶 ③一芽一叶为主

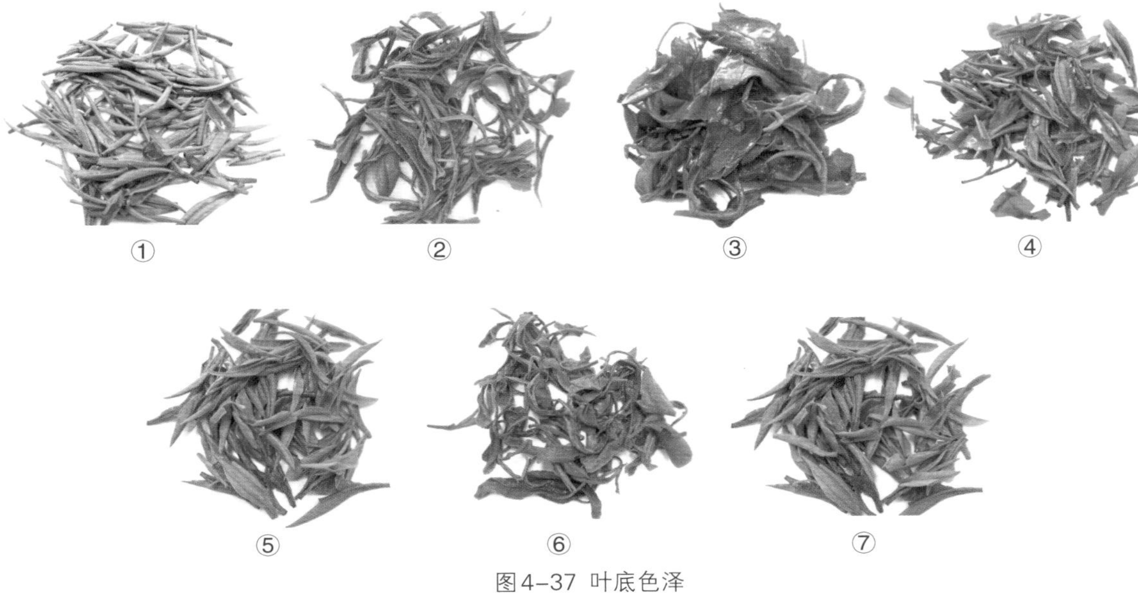

图4-37 叶底色泽

①翠绿 ②黄绿 ③绿 ④嫩黄 ⑤嫩绿 ⑥青绿 ⑦尚嫩绿

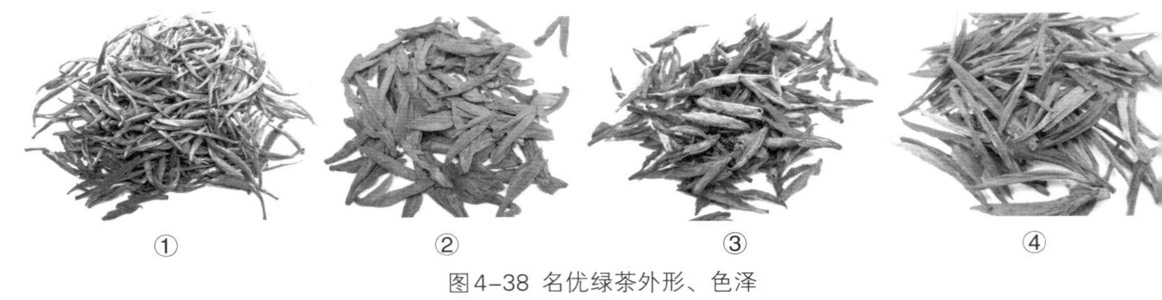

图4-38 名优绿茶外形、色泽

①深绿 ②翠绿 ③银绿 ④嫩绿

2. 外形审评

外形从形状、嫩度、色泽、整碎、净度去看（图4-38）。以下四个茶都是名优茶，色泽分别是深绿、翠绿、银绿、嫩绿。

（三）茶叶质量审评的结果评判

审评之后，我们自己在家里喝就说，这个好喝，这个不好喝；专业的话，就要出一个审评结果。审评的结果，有这么几个方面。

1. 定等级

第一，定等级，定等级叫对样评茶，就是说茶的等级要根据标准样来定。比如龙井茶分为特级、一级、二级、三级、四级、标准级（图4-39）。有个法定的质控单位制定的实物样在这里，假如说去一个市场买龙井茶，那么就对着这个标准样去对外形，比如说比一级低、比二级高，然后在开汤之后再来比较，假如说外形和内质都是处于一级与二级之间，那么这个茶就是二级。这是因为，我们的标准样是最低标准样，从现在标准的判断来说，只要低于一级不管是不是靠近一级，也是二级。有人认为这样吃亏了，但是质量在生产的过程中要做到品质控制，不能随意做出来销售，要有控制地做成不同级别。如果是农户进行茶叶销售，生产比较简陋，他（她）对级别就不是很清楚；但是作为大公司或是规范的企业，它对茶叶的标准应该是清楚的，这也是茶叶审评中要做的对质量进行判断的内容。

2. 判断是否合格

第二，判断是否合格，判断A茶是不是B茶，这也需要通过标准来判断。从8个方面去判断，先从外观的形状，其次是外观的颜色、整碎度、净度；内质则是汤色、香气、滋味、叶底这4个方面。然后进行判断，就是以标准样为水平线，进行对照，根据比标准样好、好一点、好较多、好很多这样进行判断，有相当、

图4-39 西湖龙井茶实物标准样
①特级龙井 ②一级龙井茶 ③二级龙井茶 ④三级龙井茶 ⑤四级龙井茶

稍高、较高、高、稍低、较低、低这七个档次。如表4-1中这个样品，形状相当得零分，比它好一点就是+1，差一点就是-1。8个因子都打分后，加起来正负绝对值在3分之内即2分、1分或者0分，这个茶就是合格的，也就是A茶就是B茶。假如说加出来是3分，A茶就不是B茶，正3分那说明它好，负3分说明它差，这两个茶不是同一个茶。

表4-1 茶叶对样评茶判定例子

茶样	形状	色泽	整碎	净度	汤色	香气	滋味	叶底	判定结果
样品一	0	1	0	-1	+1	+1	0	-1	1 合格
样品二	-1	0	0	+1	0	-2	-1	0	-3 不合格
样品三	+1	+1	-1	-3	+1	-1	1	-1	-2 不合格

3. 质量名次排列

第三，质量名次排列，就是说把它排一二三四五名次，我们经常说的茶王是怎么评出来的，就是通过这个名次进行排列。排列的方法就是得分，得分的计算，名优绿茶是按照下述公式：

名优绿茶样品得分＝Σ（25A+25B+10C+30D+10E）/100

图4-40 茶叶审评图片

权数是全国统一的，有全国的标准；ABCDE是各个因子，就是外形、香气、汤色、滋味、叶底的得分。得分是评茶师通过感官审评打出来的分数，参加审评的每位评茶师各自打分，去掉一个最高分，去掉一个最低分，得出平均分。也有分组审评，将参加审评的人员分成A、B两组，将A、B两组的分进行比较，相差3分以上重评，3分以内则取平均。还有单一人评，其他人进行调整。结果计算时，每一个茶，例如ABC样，评茶员进行审评之后各有5个分数，这5个分数按照它的权数进行计算得到一个分数，按分数高低进行名次排列。打分需要评茶师有多年的经验的积累，有一个评判的标准，这样打出来的分数就是你这个茶的品质的排位。图4-40是茶叶审评的一幅图片。

茶知识漫谈

★ 茶品鉴晋级

要把茶叶的品质特征认识得更加清楚，可以通过以下两条途径：第一条途径就是参加国家的职业资格证书的获取的培训和考试，与茶叶相关的职业资格证书如表4–2所示；另外一条途径可以到相关院校的茶学专业去旁听茶叶品鉴课或者审评与检验课，这样可帮助你学会怎么样品评茶叶。

表4-2 与茶叶相关的国家职业资格证书

评茶员系列	茶艺师系列	级别
初级评茶员	初级茶艺师	国家职业资格五级
中级评茶员	中级茶艺师	国家职业资格四级
高级评茶员	高级茶艺师	国家职业资格三级
评茶师	茶艺技师	国家职业资格二级
高级评茶师	高级茶艺技师	国家职业资格一级
发证机构：国家劳动和社会保障部		

第五讲

一泡一饮好茶香：从合理选茶到科学泡茶

喝茶是一种生活，泡茶是一门学问。那么，日常生活中我们喝茶喝对了吗？怎样才能泡好茶呢？茶艺的礼、艺、和、美是如何体现的？不同的茶的冲泡又有何不同？

本讲介绍了如何选茶、存茶和泡茶，并从科学角度就泡茶的其他两大影响因素（器和水）进行阐述，同时也介绍了最为经典的三套茶艺，即名优绿茶的杯泡茶艺、花茶的盖碗冲泡茶艺和乌龙茶的紫砂壶泡茶艺及其蕴含的礼、和、艺、美。

一、合理选茶

首先我们来了解一下如何合理选茶。

大家选茶的时候要考虑以下三个方面：第一要考虑茶叶质量；第二要知道茶叶怎么品鉴；第三要了解茶叶怎样储存和保鲜。

（一）茶叶质量

合理选茶里面第一点，一定要关注质量问题。我们选茶叶的时候口味是很重要，但是更重要的是安全问题。所以，我们选茶叶首先需要考虑茶叶优质安全。

如何保证茶叶的安全？建议大家到市场上去买茶叶的时候一定要认识一些标志（图5-1）。第一个标志就是QS标志，在商场里或者市场上买的茶叶一般有包装的一定有这个标志。如果没有这个标志，表示这个茶叶可能是三无产品。QS标志叫做食品市场准入标志，这是我们国家施行了将近10年的一个制度。所以，保证茶叶安全第一个必须要看到的是QS标志。另外，在食品里面茶叶的安全是比较好的，除了QS认证外，它还有无公害认证、绿色食品认证、有机茶的认证、原产地认证等。特别是有机茶不施任何的化肥和农药，在所有的食品里面，茶叶的有机比例是最高的。

图5-1 茶产品安全认证标志

那么，当前我们国家茶叶质量问题主要有哪些呢？

第一个是感官质量，即有些茶叶本来是二级的当成一级或者特级以次充好去卖，或者以假乱真，比如把其他周边的茶叶当成西湖龙井。

第二个是少数茶产品的重金属超标问题，主要是铅超标。尤其是一些在公路边上的茶园，因汽车尾气很容易导致茶产品铅超标。

第三个是少数茶叶农药残留超标问题，是我们老百姓最关心的。

大概在五六年以前，很多新闻记者在炒作说茶叶不能喝，说喝茶叶相当于喝农药，他们觉得茶叶里面全是农药水。

现在可以告诉大家，中国茶叶的农药残留的合格率在95%以上，但还有5%不合格。在全国茶叶农药残留检测里面，花茶和乌龙茶不合格率最高，就是这5%的不合格率主要集中在这两类茶里面。江浙一带绿茶产区的茶叶尤其名优绿茶没什么农药残留问题，因为春茶是不施农药、化肥的。

第四个是添加非茶类物质现象时有发生。有一些地方的不法商贩把不是茶叶的东西加到茶叶里面，像加滑石粉、糯米粉、白砂糖、香精等。据了解，有一个县的政府允许把白糖加到茶叶里面，允许添加的标准是100斤茶叶里可以加3斤。所以，有时候夏天我们去市场上，抓一把茶叶发现茶叶很黏，表示茶叶中白糖加得太多了。我们也向当地的政府反映了这个问题，目前已经得到解决。

总体来讲，我国茶叶产品质量的合格率近20年是在上升的。国家茶叶质量监督检验中心主任郑国建提供的资料表明，20世纪90年代开始整个茶叶产品质量徘徊不前，总体质量比较差，到本世纪以来茶产品质量稳步提升，如图5-2所示。

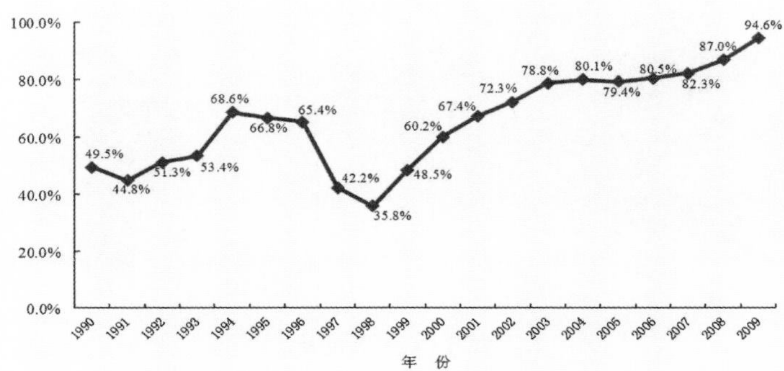

图5-2 1990—2009年茶叶综合合格率

所以，郑国建老师的一个结论就是茶叶质量已经非常安全，可以告诉老百姓大胆喝茶、放心喝茶。

（二）茶叶品鉴

我们要学会品鉴，就是懂得怎么样品鉴茶叶的色香味形，主要是通过利用感官品茶，即干看茶叶外形，主要指造型、色泽、嫩度、整碎、净度；湿看茶叶开汤，主要指闻香、尝味、看叶底（图5-3）。此内容在第四讲已经扼要介绍，请读者参阅前文。

图5-3 茶叶品鉴

①凤凰单丛干茶 ②凤凰单丛汤色 ③凤凰单丛叶底 ④红茶干茶 ⑤红茶汤色 ⑥红茶叶底 ⑦绿茶干茶 ⑧绿茶汤色 ⑨绿茶叶底

（三）茶叶储藏和保鲜

茶叶储藏，主要注意密封、避光、防异味。通常用的储藏方法有以下几种：专用冷藏库冷藏法，库内相对湿度控制在65%以下，温度4℃～10℃为宜；真空和抽气充氮储藏；除氧剂除氧保鲜法；家庭用储藏保鲜方法：冰箱冷藏法、石灰缸/坛法、硅胶法、炭贮法。

我们家庭最常规、最简单、最有效的茶叶储藏保鲜方法就是冰箱冷藏，但是要注意不要冷冻，而是放在冰箱冷藏。这是因为茶叶里面含有水分为6%到7%，零度以下茶叶就会结冰，那么将茶叶从冰箱里拿出来以后，温度突然升高，细胞会被破坏掉，进而损坏茶叶，反而不利于保存。

二、科学泡茶

（一）科学泡茶——器

科学地泡茶第一个要讲究的就是茶具，现在我们生活中最容易碰到的3种茶具是玻璃杯、紫砂壶及瓷盖碗。用玻璃杯泡茶，我们叫做杯泡。大部分绿茶都适合杯泡，一些黄茶或者轻发酵的白茶也适合用玻璃杯泡。如果不讲究一些，所有的茶类都可以用玻璃杯去泡。但是，对于乌龙茶或者普洱茶，杯泡可能会影响它的色香味，尤其是茶叶的香气。用玻璃杯泡的绿茶尤其名优绿茶非常漂亮。很多人讲君山银针如果泡在杯子里可以三起三落，有些人叫做“金枪林立”。大家看一下（如图5-4所示），这

图5-4 玻璃杯冲泡单芽绿茶

就是名优绿茶包括一些白茶或者黄茶用玻璃杯冲泡的形态，非常漂亮。

工夫茶比如说红茶、乌龙茶则适合紫砂壶冲泡，也就是壶泡，除紫砂壶泡外还有其他的壶泡。盖碗也是适合泡各类茶叶的，不过绿茶和茉莉花茶用得相对会多一些。名优绿茶也可以用盖碗泡，但是盖子盖的时间、要不要盖、什么时间盖及盖的水温多少都是有讲究的。

下面是一些茶具组合的图片（图5-5、5-6、5-7），请大家欣赏一下。

图5-5 冲泡器具欣赏（1）

图5-6 冲泡器具欣赏（2）

①白瓷盖碗 ②玻璃提梁壶 ③粉彩盖碗 ④陶艺壶 ⑤青瓷杯 ⑥公道杯

图5-7 冲泡器具欣赏（3）

（二）科学泡茶——水质

1. 水质

科学泡茶的第二方面要讲究水质。在古代，我们的先人就知道水对茶非常重要。像明朝张大复有句话“茶性必发于水，八分之茶，遇十分之水，茶亦十分；八分之水，试十分之茶，茶只八分”。这句话的意思就是，水质比较好的话，茶叶稍微差一点，这杯茶依然会比较好喝；而如果茶叶很好，水质不好，这杯茶可能也不好喝。陆羽《茶经》里面也有讲什么样的水质泡茶会比较好，即：“其水，用山水上，江水中，井水下。”

我们经常会听到杭州的西湖双绝——龙井茶和虎跑水，就是好茶跟好水要相得益彰。“蒙顶山上茶，扬子江中水”也是这个意思。我们泡茶的用水要求干净、清洁、没有异味，就是符合饮用水的标准，这个是最低要求。所以，用矿泉水、纯净水等去泡茶就比较合适。

2. 水温

水温的高低跟品茶的口感也有很大的关系。如果名优绿茶用100℃的水温去泡，茶味就会受到很大的影响，里面的维生素C会受到破坏，会造成熟汤失味，好的茶叶味道会损失掉。如果水温太低，会使得有些茶叶成分泡不出来，就是我们想喝的对身体有保健作用的功能成分和营养成分没有充分地泡出来。

那么多少温度才是水温适当呢？一般来讲比较嫩的茶叶如名优绿茶，水温可以低一点，比较成熟的叶片做的茶叶水温要高一些。通常名优绿茶，水温八十几摄氏度就可以了，如安吉白茶，这种茶叶非常嫩，氨基酸含量很高，茶多酚含量又不多，冲泡水温可以更低一点，六十几摄氏度就可以了。普洱茶跟红茶及重发酵的乌龙茶，冲泡水温相对高一些比较好。所以，总的一个原则是名优绿茶嫩的水温低一些，比较成熟的水温高一些。

3. 茶水比

茶水比对茶的质量也很有关系，不同的茶类的茶水比完全不一样。一般的红、绿茶的茶水比是1∶50，就是3g茶叶用150ml水去泡。但是在生活中，水可以稍微多一点，即3g茶叶可以加180～200ml水，茶水比可以达到1：60到70，可能会比较合适一些。而白茶、普洱茶、乌龙茶等，这些茶在我们江浙这一带茶水比大一些。而在生产这些茶的地方多用壶泡的，茶水比也会大一些，投茶量可能为壶的2/3，但出汤时间很短，一般不超过30秒。

4. 冲泡时间

冲泡时间也很有讲究。一般的茶叶，就我们杯泡的这种茶叶泡个两三分钟就可以喝了。但是，特殊的人群如我们前面讲到的痛风病人或者神经衰弱的人，那有可能需要泡个一分半钟，然后把第一杯倒掉再去冲泡，这样可能会比较好一些，因可将大部分的咖啡碱冲掉。白茶跟乌龙茶可以冲泡很多次，比如第一次泡了半分钟，把茶汤倒出来，第二、第三、第四次出汤时间相对要延长15秒到25秒。普洱茶能否出汤是根据我们泡的这个茶汤的颜色去判定的。如果你觉得这个茶汤已经是葡萄酒的颜色了，就可以把茶汤倒出来。不同的泡茶时间对茶汤的颜色影响非常大，大家看一下图5-8，熟普洱冲泡25秒、3分钟后，茶汤颜色差异还是非常明显的。

但是，不同的茶叶冲泡时间对汤色的影响也不一样。你看图5-9同样都是熟普洱，前面20秒茶汤就这么浓，后面泡了40秒，茶汤还是比较淡。所以，应该根据不同的茶叶泡茶时间去熟悉这个茶叶特点。

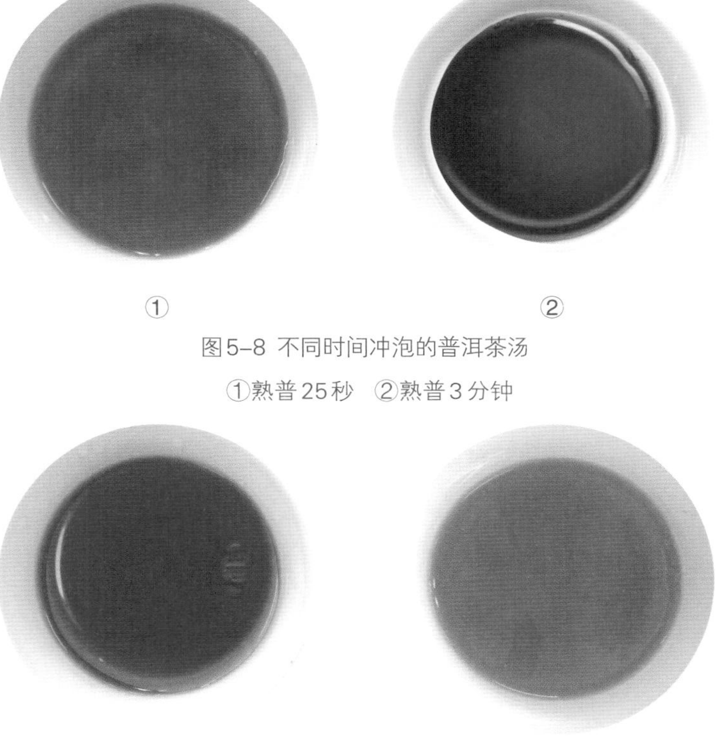

①　②

图5-8 不同时间冲泡的普洱茶汤

①熟普25秒　②熟普3分钟

图5-9 不同熟普的茶汤

5. 冲泡次数

一般而言，茶叶冲泡的次数是3次，乌龙茶可以泡四五次。你如果去安溪铁观音（产地）那边，茶艺师会告诉你铁观音可以冲10泡，而且每泡都有一个故事，她觉得铁观音里面的东西很多。普洱茶冲泡次数也由个人的口味决定。所以，不同的冲泡次数要根据个人的口感及投茶量进行调整。但若你早晨泡一杯茶，然后不断续水喝到下午，这种n次冲泡且不说滋味差还会冲泡出一些不好的成分来。

6. 冲泡方法

泡茶的方法有很多讲究，如我们说客来敬茶，如果把茶水倒得很满敬给客人，这个可能不是很有礼貌。一般敬茶我们倒七八分满就可以了，我们叫做浅茶满酒，酒可以给客人倒满。如果你把茶水倒得很满，表示你不是很欢迎客人的意思。

三、茶艺欣赏

以下是3种茶艺的演示：绿茶的玻璃杯泡法，程序有十几道（图5-10）；花茶的茶艺表演，用盖碗（图5-11）；乌龙茶冲泡方法用的是壶泡（图5-12）。这3套茶艺是最基本的茶艺。

★ 名优绿茶玻璃杯冲泡法

绿茶是中国内销最大宗茶类，其类型品种非常丰富，以春茶品质最佳。泡饮名优绿茶应重点欣赏其色绿、形美、汤鲜及新茶香。最早记载壶泡绿茶法的是明代张源《茶录》一书，比较详细地介绍了当时用茶壶冲泡绿茶的方法。明代陈师著《茶考》一书记载了最早的杯泡绿茶法：“杭俗烹茶，用细茗置茶瓯，以沸汤点之，名为撮泡。”现在，常用无盖的茶杯、茶碗冲泡，以免将茶叶焖黄，同时也便于闻香。透明玻璃杯可以充分欣赏嫩芽浮沉舒展的情景，精致的青瓷茶碗能衬托汤色，是很不错的选择。现介绍的“浸润冲泡法”，在沸汤冲泡前增加了浸润泡过程，使茶叶充分舒展，让品茗者在头泡时便能深切体味新茶真味。这一冲泡法适用于各种名优绿茶的冲泡。

（1）茶具配置（以透明玻璃杯具为例）

茶盘、玻璃杯、杯托、茶匙、茶荷、茶样罐、水壶、茶巾、茶巾盘、泡茶巾。

茶具的选用，无盖瓷杯、瓷碗、盖碗（泡时不用盖）均可，宜选白瓷、青瓷或青花及素色花纹瓷具，图案过分华丽夺目者不宜。茶样罐、水壶也应与主茶具保持同样风格。

（2）冲泡技艺

①备具　将3只玻璃杯杯口向下置杯托内，呈直线状摆在茶盘斜对角线位置（左低右高）；茶盘左上方摆放茶样罐；中下方置茶巾盘（内置茶巾），上叠放茶荷及茶匙；右下角放水壶。摆放完毕后覆以大块的泡茶巾（防灰、美观），置桌面备用。

②备水　尽可能选用清洁的天然水。有条件的茶艺馆应安装水过滤设施，家庭自用可自汲泉水或购买瓶装泉水。习茶是一种不注重结局而追求过程美的享受，喜欢就不会觉得麻烦（如果觉得麻烦，只是尚未乐在其中耳）。急火煮水至沸腾，冲入热水瓶备用。泡茶前先用少许开水温壶，再倒入煮开的水储存。这一点在气温较低时十分重要，温热后的水壶储水可避免水温下降过快（开水壶中水温应控制在85℃左右）。

③布具　分宾主落座后，冲泡者揭去泡茶巾叠放在茶盘右侧桌面上；双手（在泡茶过程中强调用双手做动作，一则显得稳重，二则表示敬意）将水壶移到茶盘右侧桌面；将茶荷、茶匙摆放在茶盘后方左侧，茶巾盘放在茶盘后方右侧；将茶样罐放到茶盘左侧上方桌面上；用双手按从右到左的顺序将茶杯翻正。

④赏茶　将赏茶荷奉给来宾，请他们欣赏茶的外形、色泽及嗅闻干茶。

⑤置茶　用前文介绍的茶荷、茶匙置茶手法，用茶匙将茶叶从茶样罐中拨入茶荷中，再分放各杯中。一般的茶水比例为1克:50毫升，每杯用茶叶2～3克。盖好茶样罐并复位。

⑥赏茶　双手将玻璃杯奉给来宾，敬请欣赏干茶外形、色泽及嗅闻干茶香。赏毕按原顺序双手收回茶杯。

⑦浸润泡　以回转手法向玻璃杯内注入少量开水（水量为杯子容量的1/4左右），

目的是使茶叶充分浸润，促使可溶物质析出。浸润泡时间20～60秒，可视茶叶的紧结程度而定。

⑧摇香　左手托住茶杯杯底，右手轻握杯身基部，运用右手手腕逆时针转动茶杯，左手轻搭杯底作相应运动。此时杯中茶叶吸水，开始散发出香气。摇毕可依次将茶杯奉给来宾，敬请品评茶之初香。随后依次收回茶杯。

⑨冲泡　双手取茶巾，斜放在左手手指部位；右手执水壶，左手以茶巾部位托在壶底，双手用凤凰三点头手法，高冲低斟将开水冲入茶杯，应使茶叶上下翻动。不用茶巾时，左手半握拳搭在桌沿，右手执水壶单手用凤凰三点头手法冲泡。这一手法除具有礼仪内涵外，还有利用水的冲力来均匀茶汤浓度的功效。冲泡水量控制在总容量的七成即可，一则避免奉茶时有如履薄冰、战战兢兢的窘态，二则向来有“浅茶满酒”之说、七分茶三分情之意。

⑩奉茶　双手将泡好的茶依次敬给来宾。这是一个宾主融洽交流的过程，奉茶者行伸掌礼请用茶，接茶者点头微笑表示谢意，或答以伸掌礼。

图5-10　绿茶茶艺程序演示

⑪品饮　接过一杯春茗，观其汤色碧绿清亮，闻其香气清如幽兰；浅啜一口，温香软玉如含婴儿舌，深深吸一口气，茶汤由舌尖温至舌根，轻轻的苦、微微的涩，然而细品却似甘露。

⑫续水　奉茶者应该留意，当品饮者茶杯中只余1/3左右茶汤时，就该续水了。续水前应将水壶中未用尽的温水倒掉，重新注入开水。温度高一些的水才能使续水后茶汤的温度仍保持在80℃左右，同时保证第二泡的浓度。一般每杯茶可续水两次（或应来宾的要求而定），续水仍用凤凰三点头手法。

⑬复品　名优绿茶的第二、三泡，如果冲泡者能将茶汤浓度与第一泡保持相近，则品者可进一步体会甘甜回味，当然鲜味与香味略逊一筹。第三道茶淡若微风，静心体会，这个淡绝非寡淡，而是冲淡之气的淡。

⑭净具　每次冲泡完毕，应将所用茶器具收放原位，对茶壶、茶杯等使用过的器具一一清洗，提倡使用消毒柜进行消毒，这一点对于营业性茶艺馆而言更为重要。净具毕盖上泡茶巾以备下次使用。

★ 花茶盖碗冲泡法

①备具　将3套盖碗连托呈三角状摆在茶盘中心位置，近泡茶者处略低，盖与碗内壁留出一小隙；茶盘内左上方摆放茶箸匙筒；盖碗右下方放茶巾盘（内置茶巾）；水盂放在茶盘内右上方；开水壶放在茶盘内右下方，预先注少许热水温壶。摆放完毕后覆以大块的泡茶巾（防灰、美观），置桌面备用。待来宾选点花茶后，将消毒后的茶具摆置好，双手捧至来宾就座桌面一端。

②布具　分宾主落座后，泡茶者揭去泡茶巾，折叠放在茶盘右侧靠后桌面；将茶样罐、茶箸匙筒等移放至茶盘左侧桌面；开水壶放在茶盘右侧前方桌面，水盂放在开水壶后面；将茶巾盘（内有茶巾）移至茶盘后方右侧桌面。茶盘内现仅余3套盖碗，将之稍作调整，分散但仍作三角形摆放。分散摆放不但美观，而且揭开盖子搁靠在杯托一侧后，彼此不会磕碰。

③备水　将开水壶中温壶的水倒入水盂，冲入刚煮沸的开水。另用热水瓶贮开水放在旁边备用。

④温盖碗　参见泡茶基本手法，将盖子反面朝上的盖碗一一温热。这里附带介绍当盖碗的盖子正面朝上时的温具手法：

揭盖冲水：左手食指按住盖钮中心下凹处，大拇指及中指扣住盖钮两侧轻轻提起，使碗盖左高右低悬于碗上方；右手提开水壶用回转手法向碗内注水，至总容量的1/3后提腕断流，开水壶复位的同时左手将盖放回盖好。

烫碗：参见泡茶基本手法。

开盖：左手提盖（手法同前揭盖）同时向内转动手腕（即左手顺时针、右手逆时针）回转一圈，将碗盖按抛物线轨迹搁放在托碟左侧。如右手提盖则将之搁放在托碟右侧。

沏水：右手虎口分开，大拇指与食指、中指搭在盖碗碗身两侧基部，左手托在碗左侧底部边缘，双手端起盖碗至水盂上方；右手腕向内转令碗口朝左，边旋转边倒水。倒毕盖碗复位。

⑤置茶　用茶匙从茶样罐中取茶叶直接投放盖碗中，通常150毫升容量的盖碗投茶2克。

⑥冲泡　水温宜控制在90℃～95℃。用单手或双手回旋冲泡法，依次向盖碗内注入约容量1/4的开水；再用凤凰三点头手法，依次向盖碗内注水至七分满。

如果茶叶类似珍珠形状不易展开的，应在回旋冲泡后加盖，用摇香手法令茶叶充分吸水浸润；然后揭盖，再用凤凰三点头手法注开水。

⑦示饮　考虑到盖碗使用的非普遍性，泡者不妨先示范饮茶动作，令不太了解盖碗正确持饮方法的来宾有个初步印象，不至于太尴尬。女士双手将盖碗连托端起，摆放在左手前四指部位（此时左手如同掬着一捧水似的），右手腕向内一转搭放在盖碗上，用大拇指、食指及中指拿住盖钮，向右下方轻按，令碗盖左侧盖沿部分浸入茶汤中；复再向左下方轻按，令碗盖左侧盖沿部分浸入茶汤中；接着右手顺势揭开碗盖，将碗盖内侧朝向自己，凑近鼻端左右平移，嗅闻茶香；然后撇去茶汤表面浮叶（动作由内向外共3次），边撇边观赏汤色；最后将碗盖左低右高斜盖在碗上（盖碗左侧留一小隙）。赏茶已毕，开始品饮时右手虎口分开，大拇指和中指分搭盖碗两侧碗沿下方，食指轻按盖钮，提盖碗向内转90°（虎口必须朝向自己，这样饮茶时手掌会将嘴部掩住，显得高雅），从小隙处小口啜饮。端托碟的左手与提盖的右手无名指与小指可微微外翘做兰花指状。男士用盖碗喝茶可用单手，左手半握拳搭在左胸前桌沿上，不用端起托碟；右手饮茶手法同女士。

⑧奉茶　双手连托端起盖碗，将泡好的茶依次敬给来宾，行伸掌礼请用茶；接茶者宜点头微笑或答以伸掌礼表示谢意。

⑨品饮　手法同上文“示饮”。闻香、观色、啜饮。动作要舒缓轻柔，不宜大大咧咧随意将盖子一揭，抄起盖碗来牛饮。以茶解渴时当然不必讲究动作，如今品茶是享受过程。

⑩续水　盖碗茶一般续水两次，也可按来宾要求而定。泡茶者用左手大拇指、食指、中指拿住碗盖提钮，将碗盖提起并斜挡在盖碗左侧；右手提开水壶高冲低斟向盖碗内注水。即使有少量开水溅出，也会被碗盖挡住。续水毕，饮者复品。

⑪净具　每次冲泡完毕，应将所用茶器具收放原位，对茶壶、茶杯等使用过的器具一一清洗。

图5-11 花茶茶艺程序演示

★ 乌龙茶壶盅双杯冲泡法

双层茶盘、小茶盘、茶壶、茶盅、滤网、品茗杯、闻香杯、杯托、煮水器、茶匙筒。

①备具　泡茶台下放置一只水盂，式样不拘。泡茶台居中摆放双层茶盘。茶盘内左侧前方放茶匙筒，后方放茶样罐；茶盘中部前方并列反扣5只闻香杯，中部后方放折叠茶巾1块，茶巾上横向反叠5只茶托，在闻香杯与茶托之间，前3后2反扣5只品茗杯；茶盘右侧前方反扣滤网及茶盅，右侧后方放茶壶。另取小茶盘竖放在大茶盘右侧桌面，内放煮水器及火柴。如果泡茶台较小，可于座位右侧另置小茶几或特制炉架等摆放煮水器及火柴等。摆放完毕后覆盖上泡茶巾备用。

②配点　由于乌龙茶浓郁而收敛性强，空腹饮用或不习惯饮浓茶者喝下易造成胃部不适，因此特别需要配备茶点。在泡茶台茶盘前方可放4碟茶食与1只水果盘。茶食宜用甜或甜酸味的小食品，如豆沙羊羹、栗子羹、花生酥等，水果如草莓、葡萄、金橘等小果形的，洗净直接摆放即可，大个果形的如西瓜等就去皮切小块。

③备水　尽可能选用清洁的天然水。

④布具　先提保温瓶向紫砂大壶内注少许热水，荡涤后将弃水倒入水盂，重新倒入热水搁在点燃的酒精炉上。揭开泡茶巾折叠后放在泡茶台右侧桌面上；双手虎口分开，捏拿住5只茶托，向内转动手腕将之翻正后，移放到小茶盘内煮水器后方右侧；用同样手法将茶巾翻正放在小茶盘内煮水器后方左侧；双手将茶匙筒与茶样罐移放到双层茶盘右侧前方桌面上；按从右向左顺序依次翻正闻香杯；同样依次将品茗杯一一翻正，并移放到大茶盘内左侧后方，摆成梅花形；将茶盅（内置滤网）翻正；将茶壶向左稍前位置移放，应在茶盅与闻香杯的空隙之处。布具完毕应保证来宾可清楚看见茶盘中的4样茶具。

⑤温壶及品茗杯　左手提盖钮揭开茶壶盖放在茶盘中，右手提开水壶向茶壶内注2/3热水，左手加盖，右手水壶复位；双手捧茶壶转动手腕烫壶后，右手执壶将水注入品茗杯中。

⑥置茶　左手提茶壶盖钮揭盖放茶壶左侧茶盘上（盖钮朝上）；双手捧茶样罐启盖，左手横握罐，右手取茶匙拨取茶叶进茶壶。一般较松的半球形乌龙茶用茶量为茶壶容量的1/2左右。当然应视乌龙茶的紧结程度、整碎程度及口味而灵

活掌握，如球形及紧结的半球形乌龙茶用量为1/3壶，疏松的条形乌龙茶用量为2/3壶。置茶毕将茶样罐盖好复位。

⑦赏茶　双手捧茶壶奉给来宾，由其传递欣赏干茶外形、色泽及闻干茶香。赏毕捧回复位。

⑧温润泡　右手提开水壶用回转高冲低斟手法向茶壶内注开水，至九分满，左手加盖，右手提开水壶复位；右手迅速握茶壶柄将茶壶内温润泡热水倒入茶盅（内不置滤网）。若第一道分茶不用茶盅，则将温润泡热水倒入闻香杯，倒毕茶壶复位。

⑨冲泡　右手提开水壶，用回转高冲低斟法向茶壶内注水至满，开水壶复位，左手加盖，静置1分钟左右。

⑩温闻香杯　在泡茶等待时，右手执茶盅柄，将茶盅中的温润泡热水一一注入闻香杯。

⑪洗杯　双手各取一只闻香杯，将杯口向下扑在品茗杯内热水中，回转手腕令闻香杯旋转，清洗完毕提起闻香杯滴尽残水后放回原处。依次清洗5只闻香杯后，开始洗品茗杯。手法是：双手大拇指搭杯沿处、中指扣杯底圈足侧拿起胸前最近两只品茗杯，将其轻放在前两只品茗杯热水内，食指推动所拿品茗杯外壁，大拇指与中指辅助，三指协同将杯在热水中清洗一周，然后提杯沥尽残水复位；接着取前两只品茗杯同时在最前面那只杯中清洗，最后1只品茗杯不滚洗，轻荡后直接将热水倒掉。

⑫酾茶　右手执壶将茶汤筛入茶盅（茶盅内有滤网。有时为增强第一道茶的香气浓度，可略过此步骤而直接分茶，将茶汤酾入闻香杯）。一般的轻发酵乌龙茶在茶汤酾尽后，宜揭开茶壶盖，令叶底冷却易于保持其固有的香气与汤色。

⑬分茶　右手取出滤网倒搁在茶盘上，右手执茶盅依次向闻香杯中斟茶，约九分满。若直接用茶壶分茶，则用“关公巡城”“韩信点兵”手法，均分茶汤进各闻香杯，约至九分满。

⑭奉茶　右手取1只杯托置左掌心平托；右手取1只闻香杯先到茶巾上按一下，吸尽杯底残水放在杯托左侧；右手取1只品茗杯在茶巾上按一下，放杯托右侧。双手捧杯托先收回胸前略顿，再平稳奉至来宾座位桌面。奉茶时应注意，要左手托住杯托，右手夹拿转动手腕，使闻香杯置于来宾左侧，品茗杯在右侧，便于来宾取饮，并点头微笑行伸掌礼。

⑮品饮　接茶者还礼后，右手将品茗杯扣放在闻香杯杯口，接着右手食指与中指夹住闻香杯杯身基部、大拇指按在品茗杯底，向内翻转手腕令品茗杯在下，左手轻托品茗杯底放回茶托右侧；左手扶住品茗杯外侧，右手大拇指、食指与中指捏住闻香杯基部，旋转轻提令茶汤自然流入品茗杯；双手合掌搓动闻香杯数次，目的是双手保温并促使杯底香气挥发；双手举至鼻尖，两拇指稍分，用力嗅闻杯中香气。也可单手握杯闻香，手法是右手将闻香杯握在掌心，向内运动手指令闻香杯在手中呈逆时针转动，然后举杯近鼻端，左手挡在闻香杯杯口前方，使

图5-12 乌龙茶茶艺程序演示

香气集中便于嗅闻。茶叶品质越好则杯底留香越久，可供人细细赏玩良久。将闻香杯放回杯托，右手用“三龙护鼎”法端取品茗杯欣赏汤色后啜饮。

⑯第二、三泡　手法如第一泡，冲泡时间稍长。第二泡需时比第一泡延长15秒，第三泡需时比第二泡延长25秒。如果茶叶耐泡，可冲泡四五道茶。

⑰净具　冲泡完毕，将所用茶具收放原位，对茶壶、茶杯等使用过的器具一一清洗。提倡使用消毒柜进行消毒。覆盖上泡茶巾以备下次冲泡。

如果大家想把茶艺练好，除了刚才讲的3套，在规定动作之外其实还有很多地方可以有创意的，包括这个茶席怎么设计、泡茶有什么主题等。现在我觉得中国已经到了“人人展茶艺”这个时代了。我们中国现在经济社会发展得非常好，一个太平盛世喝茶的时代已经到来了，很多人都愿意学茶。所以，如果真正有好的茶艺培训机构，我觉得其前景会非常好。而且，茶艺学好以后对家庭、对社会的和谐都会有很大的帮助。

第六讲

因人喝茶：谈谈健康饮茶

中医把人体的体质分为9种，那么不同体质与茶类该如何匹配？环境、体质、工作等个性化特征越来越明显的今天，我们该怎样才能更加科学健康地喝茶？

杭州晓满茶书屋　胡廷 摄

健康饮茶这部分对于每个饮茶人都非常重要，这里我重点介绍。健康饮茶要根据我们的年龄、性别、体质、工作性质、生活环境及季节的不同有相应的选择。

一、看茶喝茶

看茶喝茶，就是根据不同的茶叶采取相应的方式去喝。大家已经听了很多次的六大茶的分类了，其实我们从中医角度看，茶可以分寒性的和温性的，所以我们把茶叶做了这么一个图（图6-1），因为很多人喝苦丁茶，尤其在夏季，因此我们把苦丁茶也放进来。

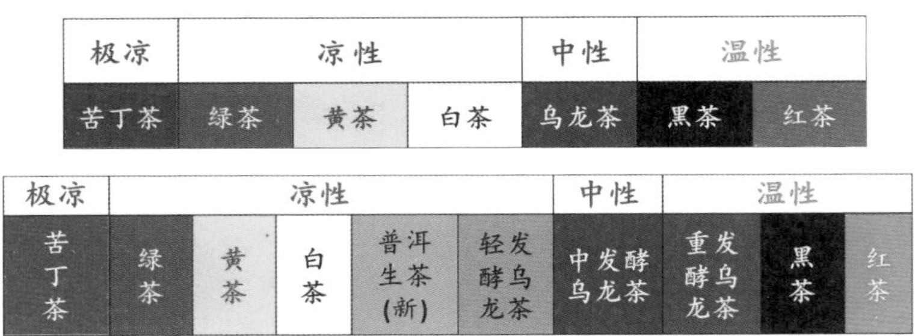

图6-1 不同茶类品性

如图6-1所示，绿茶、黄茶、白茶属于凉性的，乌龙茶属于中性的，黑茶和红茶属于温性的。六大茶类的品性可以从这个角度去考虑，不过可以将茶叶分得更细一些，如普洱茶，生的普洱刚做出来的，其实是绿茶，也是凉性的；普洱熟茶，普洱茶放的时间我觉得5年以上的应该属于温性茶了。还有乌龙茶也是这样，轻发酵的乌龙茶，如文山包种茶及我们浙江龙泉的金观音用玻璃杯泡感觉是绿茶，但是有乌龙茶的香气，这种茶叶它也应该是凉性茶；而中发酵的乌龙茶则是中性茶。重发酵的茶叶，像我们讲的全发酵的红茶肯定是温性的了；大部分的黑茶属于温性茶。

二、看人喝茶

看人喝茶就是我们每个人的体质不一样，具体的喝茶方式方法也不一样。有同学告诉我，他一年四季喝菊花茶，但是喉咙都是痛的，后来去看西医给他配药也没用，后来去看中医，中医告诉他，喉咙痛是因为你每天喝菊花茶引起的。我们通常感觉喝菊花茶对喉咙有好处，但是菊花茶性太寒对喉咙不利，菊花茶停掉去喝普洱茶或者乌龙茶或者红茶他的喉咙就好了。还有的人喝绿茶会拉肚子，就是因为绿茶品性比较凉。一般喝茶我们觉得是通便的，但是有些人甚至会出现便秘。有些人喝茶会整夜睡不着觉。还有些人喝茶血压会上升，而我们通常觉得喝茶是降血压的，但是有些人对咖啡碱特别敏感所以血压会上升。还有些人喝茶会喝醉，感觉比酒醉还难受，心慌冒冷汗，这是体质虚弱的人出现的低血糖反应，空腹喝茶尤甚。

所以，不同的体质喝的茶不对，可能会出现身体不适的现象。这句话大家理解一下：如果你内火很旺，你还要去喝红茶，我们叫做火上浇油，就是火气更旺了；有些体质的人，夏天他吃西瓜或者苦瓜会拉肚子，表示他体质太凉，冬天他要喝绿茶我们觉得是雪上加霜。

那么，这里有个问题——什么是体质呢？就是我们生命过程中，在先天禀赋和后天获得的基础上所形成的形态结构、生理功能和心理状态方面综合起来的相对稳定的固有特质。2009年4月9号，我们国家出了一部《中医体质分类与判定》标准，将人的体质分为9种。这9种体质类型及其相应的特征如（表6-1）所示。

第一种叫做平和质，是正常的体质，这种体质全部是健康的，到医院里都是“免检产品”。

第二种是气虚质，这类人气很虚，感觉自己的气不够用，很容易累，很容易感冒。

第三种人叫做阳虚质，是经常能看到的。有时候说你这个人阳虚感觉是在骂你，其实不是这个意思，是指阳气不足、怕冷，冬天手脚非常冰冷，如果冬天晚上不用温水去烫一下脚根本睡不着，而且睡到第二天早上可能脚还是凉的。这

表6-1 9种体质类型及其相应的特征

体质类型	体质特征和常见表现
1. 平和质	面色红润、精力充沛，正常体质
2. 气虚质	易感气不够用，声音低，易累，易感冒。爬楼气喘吁吁的
3. 阳虚质	阳气不足，畏冷，手脚发凉，易大便稀溏
4. 阴虚质	内热，不耐暑热，易口燥咽干，手脚心发热，眼睛干涩，大便干结
5. 血淤质	面色偏暗，牙龈出血，易现瘀斑，眼睛有红丝
6. 痰湿质	体形肥胖，腹部肥满松软，易出汗，面油，嗓子有痰，舌苔较厚
7. 湿热质	湿热内蕴，面部和鼻尖总是油光发亮，脸上易生粉刺，皮肤易瘙痒。常感到口苦、口臭
8. 气郁质	体形偏瘦，多愁善感，感情脆弱，常感到乳房及两肋部胀痛
9. 特禀质	特异性体质，过敏体质，常鼻塞、打喷嚏，易患哮喘，易对药物、食物、花粉、气味、季节过敏

一类人就是很怕冷。他还有一个特征，就是每天要上很多次厕所，而且大便不成形。

第四种叫做阴虚质，是跟第三种相反的体质类型。这类人内热，冬天不怕冷，不耐暑热，而且容易口干、喉咙干，脚心手心都非常烫，眼睛干涩，很容易出现便秘。

第五种叫做血瘀质，我们农学院有个老师我觉得他是这一种，他面色很暗，牙龈容易出血。有时候我们在某一个时段也会出现这种情况，稍微捏他的身体一下，他的身体上就会出现一个斑，而且这个斑长时间也褪不掉的。这一类人眼睛里还有红丝。

第六种叫做痰湿质，体形肥胖，腹部肥满松软，很容易出汗，皮肤也容易出油，舌苔非常厚，有时候你跟他讲话，感觉他嗓子里总是有痰的。

第七种是湿热质，就是你看到脸上好像涂了一层油的满面油光的这批人，年轻的时候容易生粉刺，皮肤一抓就痒。有时候感觉到嘴巴里比较苦或者容易口臭且晚上睡觉睡得迟一点就口臭，很远我们就能够闻得到。

第八种叫做气郁质，就是“林妹妹”这种类型，多愁善感，感情很脆弱，相对比较瘦。

第九种叫做特禀质，就是过敏性的。这种人中很多对花粉过敏，有些人甚至对茶叶咖啡碱过敏，他一喝茶就会吐。

那么，不同体质的人应该怎么喝茶呢？我仔细研究了一下，觉得第一种平和质的人什么茶都可以喝。第二种人就是气虚质，这种人高咖啡碱的茶肯定不能喝，而且凉性茶也不能喝，一般要喝熟的普洱茶及发酵中度以上的乌龙茶。阳虚质的人，不宜饮绿茶，尤其像蒸青绿茶，黄茶、苦丁茶也是肯定不能喝的，应该多喝红茶、黑茶及重发酵的乌龙茶（像武夷岩茶这一类）。

阴虚体质刚好跟阳虚质的相反，他（她）应该多饮绿茶、黄茶、白茶、苦丁茶、轻发酵的乌龙茶，这批人我们建议喝茶时可以加一些枸杞子进去，或者喝一些菊花、决明子、红茶、黑茶，重发酵的乌龙茶要少喝甚至不喝。

血瘀质的人各种茶都可以喝，而且可以浓一些，最好加一些山楂、玫瑰花、红糖甚至我们直接吃的茶多酚片。

痰湿质的人，我觉得应多喝浓茶，什么茶都可以让他喝，也可以加一些橘皮进去。

湿热质的人，我觉得应多饮绿茶、黄茶、白茶、苦丁茶、轻发酵的乌龙茶，也可以配一些枸杞子、菊花、决明子，红茶、黑茶、重发酵的乌龙茶要少喝一些。我们推荐他吃茶爽，茶爽可能对他比较有利。

“林妹妹”即气虚质的人喝什么茶呢？可以喝安吉白茶。林妹妹那时候可能安吉还没有这个茶，她如果喝了安吉白茶，可能不会这么早就走了。对她好的人应该给她喝一些咖啡碱比较低的相对比较淡的茶，甚至给她喝一些玫瑰花茶，一些含有芳香成分的茶类及金银花茶、山楂茶、葛根茶、佛手茶，相对来讲浓度比较低的淡茶应该是可以的。

特禀质的人，如果不喝茶也罢，如果他（她）要喝茶尽量淡一些，和痛风病人、神经衰弱的人一样，喝茶的时候可以把第一杯甚至第二杯倒掉，随便喝一点，喝像安吉白茶这一类低咖啡碱、高茶氨基酸的茶是可以的。

所以，建议大家先去判定一下自己是哪一种体质，再选择适合自己的茶。但是，体质也是很有意思的一个东西，一个人可能9种体质同时存在。我曾经很有兴趣帮一个朋友测定了他的体质，如图6-2所示，7月27日他的体质是上面这一行，半个月后8月10日给他测的是下面这一行。同一个人你看他总体上还是比较健康的，以平和质为主，有阳虚这个倾向，所以他什么茶都可以喝，只是绿茶少喝一些就可以了。你看一下，半个月之内，他这个身体就发生了很大的变化，他表示这半个月生活有规律了，应酬比较少了，身体总体情况是变好了。

总体来讲，体质跟喝茶的关系呢，就是热性体质的人要多喝凉性茶，寒性体质的人要多喝温性茶，这个是总的一个原则。再者，我们人的身体状况是动态的，可能随时在变化，但是希望我们的体质往好的方向转变。有的人的体质可能

平和质	气虚质	阳虚质	阴虚质	痰湿质	湿热质	血瘀质	气郁质	测试时间
59	22	43	6	25	25	7	18	2011.7.27
81	19	50	6	13	25	0	4	2011.8.10

您的体质偏颇类型
（主要）
平和质，有阳虚质倾向（C）

您的体质偏颇类型
（次要）

1~29 微小偏颇	30~39 轻度偏颇	40~59 明显偏颇	60~100 严重偏颇

图6-2 体质测试

有很多种，有时候是很矛盾地同时存在，这样就比较麻烦。另外，每种茶类，无论你是什么体质，稍微尝一下都是没关系的。如绿茶是凉性的，若想尝一下好的名优绿茶，尝一杯问题不是很大，如果觉得有问题马上改喝红茶也是可以的。有些人喝茶很讲究，尤其有些人对喝茶很忠诚，他就喝一种茶。我的老师杨贤强教授，在浙江生活了五六十年，他最喜欢还是喝乌龙茶，其他茶叶他也喝，只是尝一下。有些人很偏嗜于某种茶，长期喝这种茶也可能让你的体质往相应的方向转变。所以，我们要考虑自己的体质然后喝茶，希望这个茶把我们的体质引到正确的道路上去而不要推到“深渊”里去。总之，不管任何人，喝茶总比不喝茶的要好，这是肯定的。体质跟喝茶就这么一个关系，这里面还有很多的学问，希望大家跟我一起把它研究下去。

同时，职业环境、工作岗位不同，喝茶也不同。比如说电脑工作者多喝一些能够抗辐射的茶，脑力劳动者包括我们教师、学生应该喝能够让思维更加敏捷的一些茶叶。不同的从业人员适宜喝的茶如图6-3所示。

从图6-3中大家可以注意到，各行各业我都给他写了茶多酚片，我觉得这个茶多酚片可能对每种人都是适合的。此外，喝茶也因个人的喜好不同而异。如初始喝茶者以及平时不常喝茶的人，适宜喝一些像安吉白茶这种淡一些、鲜爽味高一些、氨基酸含量高的茶；老茶客有时候一把茶叶放在杯子里，他都觉得不够还可以更浓一些，但有些老茶客也是喝淡茶的；有些人有调饮习惯，喜欢加一些柠檬、茉莉花、玫瑰花或者奶茶进去，这个都可以根据个人的喜好不同进行调整。

适应人群	茶类	适应理由
电脑工作者	各种茶类、绿茶优、茶多酚片	抗辐射
脑力劳动者、飞行员、驾驶员、运动员、广播员、演员、歌唱家	各种茶类、绿茶优、茶多酚片	提高大脑灵敏程度，保持头脑清醒、精力充沛
运动量小、易于肥胖的职业	绿茶、普洱生茶、乌龙茶、茶多酚片	去油腻、解内毒、降血脂
经常接触有毒物质的人	绿茶、普洱茶、茶多酚片	保健效果较佳
采矿工人、做X射线透视的医生、长时间看电视者和打印复印工作者	各类茶，以绿茶效果最好，茶多酚片	抗辐射
吸烟者和被动吸烟者	各类茶、茶多酚片	解烟毒

图6-3 职业环境、工作岗位与喝茶

那么，如何判断这个茶叶是不是适合你喝呢？如果你觉得不知道自己是什么体质且也没有时间去测定，那你就可以看看身体是否出现不适反应，主要表现两方面：一个如果你喝了这个绿茶，马上会肚子不舒服或者要去上厕所，那就表示你的体质是凉性的，那你就改喝温性的茶；还有若觉得喝这个茶，睡不着觉或者容易出现头昏或者出现“茶醉”现象，那么表示你浓茶肯定不能喝。如果你喝某种茶感觉身体很好，都不大容易感冒，精神非常好，那你可以长期饮用。也就是说，你可以自己根据自己的感受去喝茶。

三、看时喝茶

看时喝茶是指不同的时间你喝的茶也不一样。喝茶要根据季节去调整，因为我们的身体可能随着季节会发生变化，比如冬天是这类体质的，夏天可能变成另一个体质。这里有几句话："春饮花茶理郁气，夏饮绿茶驱暑湿。秋品乌龙解燥热，冬日红茶暖脾胃。"就是春夏秋冬四个季节，你可以喝不同的茶。

有些人更讲究，他每天喝茶都要换四五种，早上起来、早餐以后、午餐以后、下午跟晚上喝的茶不同。我觉得这个可能稍微有一点太讲究了，但是你如果有时间和兴趣也可以试试看。

四、饮茶贴士

（一）忌空腹饮茶

空腹饮茶会冲淡胃酸，抑制胃液分泌，妨碍消化，甚至会引起心悸、头痛、胃部不适、冒冷汗、眼花、心烦等"茶醉"现象，俗云："空腹饮茶，正如强盗入穷家，搜枯。"

（二）忌睡前饮茶

睡前饮茶会使精神兴奋，可能影响睡眠，甚至失眠。因此，睡前要少喝茶，尤其是咖啡碱多的茶叶尽量不要喝。

（三）忌饮隔夜茶

隔夜茶也尽量不要喝。隔夜茶其实有两种：一种就是我们茶叶冲泡好放了一个晚上，第二天再喝，这种隔夜茶我们觉得是不能喝的，因为茶水放久了，哪怕你第一天晚上没喝过的，里面的维生素也损失掉了。有个现象，我们茶叶泡好但忘记喝，出差去了三五天回来发现这个茶叶已经长毛了，表示微生物对它有污染了。那么你放一个晚上，可能我们没看到，但是茶汤里已经有微生物了，容易发生变质还有析出重金属跟农药残留。

另外一种隔夜茶是泡好茶后把茶水倒出来，放在另一个杯子里盖好，然后放在冰箱里，这种隔夜茶第二天就可以喝。我个人最佩服的评茶大师张堂恒教授就专喝这种隔夜茶，其他茶不喝。他这个隔夜茶怎么喝的呢？以前他家里有种十寸搪瓷杯，我们爷爷奶奶这一代以前家里都有，当天晚上他把茶叶泡好，把茶水倒出来放在十寸（搪瓷）杯里，然后把水加满，盖子盖上，放在冰箱里。第二天早上起来，他把茶渣去掉了，把这个茶水倒出一半放到另一个杯子里，热水倒进去变成温水，他就"牛饮"下去，然后出去锻炼一下，回来把另外一半用同样的方法加热水给它喝完。他平时工作的时候不喝茶，因为他在新中国成立前留美的，老外要么工作要么喝茶，他们不会像我们这样一边上课一边喝茶，他们不习惯。他是评茶师，平时工作的时候也是把这个茶汤用嘴巴尝一下，茶汤从来不喝进去，所以他一天就能喝两罐茶叶。

（四）糖尿病患者宜多饮茶

饮茶降低血糖，有止渴、增强体力的功效。糖尿病患者一般宜饮绿茶，饮茶量增加一些，一日内可数次泡饮。饮茶时吃南瓜食品可增效。

（五）早晨起床后宜立即饮淡茶

经过一昼夜的新陈代谢，人体消耗大量的水分，血液的浓度大。饮一杯淡茶水，不仅可补充水分，还可稀释血液，降低血压。特别是老年人，早起后饮一杯淡茶水，对健康有利。饮淡茶水是为了防止损伤胃黏膜。

（六）腹泻时宜多饮茶

腹泻易使人脱水，产生指纹凹陷，多饮一些浓茶，茶多酚可刺激胃黏膜，对水分的吸收比单纯地喝开水要快得多，很快能给人体补充水分，同时茶多酚具有杀菌止痢的作用。

第七讲

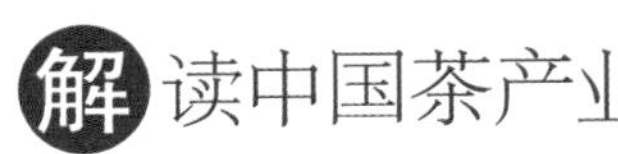

解读中国茶产业

时至今日，茶叶不仅仅只是一片树叶，它更是一个涉及健康和民生的朝阳产业。那么，在经历几千年的发展后，中国的茶产业现状如何？它在世界范围内处在什么样的地位？为什么说它是朝阳产业？它的发展面临着怎样的挑战，又有什么机遇？它的方向和路径又在哪里？

本讲将从宏观角度介绍中国茶产业现状及其在世界范围内的地位，分析目前茶产业存在的问题和对策，并就茶产业发展的趋势进行解读。

一、中国茶叶产业的发展现状

（一）中国之最：茶产量最大、种茶面积最大的国家

我觉得将来从事茶业或者对茶感兴趣的人，了解这些非常重要。所以，我把一些信息告诉大家，其中会反复讲到一些数字，希望大家听过能记得这些数字。中国现在是世界上最大的产茶国，判定主要依据产量和面积两个方面。

2009年全世界茶叶面积5 500万亩，中国占2 800万亩；产量2009年全世界394万吨，中国占135万吨左右（图7-1）。就面积而言，我国超过了全世界总茶叶面积的50%，而产量则超过1/3。显然，我国是世界上最大的产茶国。但是从20世纪30年代到2005年，这七十几年间，世界上最大的产茶国是印度。现在我们回到老大的位置，我们要珍惜这个数字。

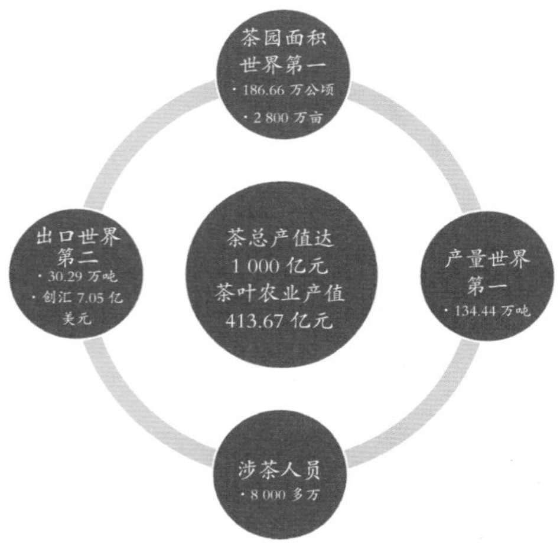

图7-1 2009年中国茶产业相关数据

（二）发展中的中国茶产业

目前，中国茶产业的产值大概在1 000亿人民币左右，并不是世界上最大的，日本超过我们很多，甚至印度都可能超过我们。这个1 000亿里面，其中400多亿是原茶的产值（图7–2）。世界四大产茶国分别是中国、印度、斯里兰卡、肯尼亚。目前，就出口而言，我们位居世界第二，第一是肯尼亚。肯尼亚2011年生产的茶叶不到30万吨，但是它出口了34万吨，是世界上最大的出口国。图7–1里的数字很重要，重点看一组数字，就是我们跟茶有关的人有多少？8 000多万人！那么，真正靠茶吃饭、以茶谋生的人有多少呢？据统计超过2 000万。中国总共就十几亿人，2 000多万这个比例也不少。

涉茶人员最多的省份，你们觉得应该是哪里呢？福建，接下来可能是云南，接下来可能是贵州，浙江有200多万人从事茶业，福建有400多万人完全靠茶叶为生。所以跟茶叶有关的人是非常多的，我国茶产业的现状有这么一句话："我们的茶产业正在由传统产业向现代茶业快速转变过程中。"还是一些数字需要注意：一个是面积产量，一个是产品结构，一个是销售，一个是质量，还有产值，这些方面能证明我刚才讲的这句话。总之，我国茶产业发展的趋势非常良好。这一组数字也敬请关注，就是1 000亿茶叶产值是怎么构成的。请见图7–2，其中第一产业410个亿，第二产业是450个亿，第三产业是140个亿，这样加起来1 000个亿左右。

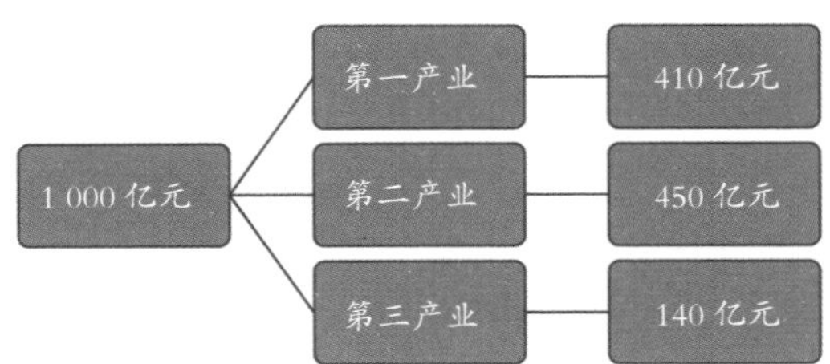

图7–2 2009年茶叶产值1 000亿元分配

目前，茶园面积最多的省份是哪里呢？现在最多的是云南（520万亩），第二是四川（292万亩），第三是福建（290万亩），第四是湖北（285万亩），第五是浙江（270万亩），第六是贵州（218.2万亩），第七是安徽（195万亩），第八是湖南（132万亩），这是2009年的统计数字。我们浙江以前比较多，现在位置有点下来了。目前，中国的西南部发展茶叶非常快。一些茶叶国家人士跟我们讨论：我们为什么要发展得这么快？我们告诉他：我们的茶农非常有积极性，他们自发去发展的。

其实，有些地方是政府扶持的，我这里举两个例子，大家看一下排名第六的贵州。这是2009年的数字，2006年贵州的茶叶面积是100万亩，而浙江茶叶面积为260万亩；从2006年到2009年，浙江增加了10万亩，而贵州增加了100万亩。据统计，2010年贵州茶叶面积已经超过320万亩，而贵州省委省政府希望把贵州茶叶发展成500万亩。因为他们觉得茶叶是一种非常好的经济作物，能够让茶农增收、农业增效，所以政府会花很多的精力和金钱去扶持农民种茶。因为贵州“地无三尺平，天无三天晴，人无三分银”，山多民穷；况且他们提出“市场好多采，市场不好多留”，使茶树发挥了经济、生态两用林的作用。我们觉得这可能也是一条正确的路子。但是，到底能不能？以及是不是正确？就交给时间去检验！

总体来讲，无论是茶叶面积还是茶叶产量，我们从2001年开始到现在每年都在往上递增，到目前为止将近增长1倍。据数据显示，我们2010年的茶叶面积已经超过200万公顷了，即超过3 000万亩了，这个面积非常大。而产量在135万吨左右，最多的是福建，云南排在第二，第三是浙江，这个是茶叶的产量的前三名。

那么茶产业产值的前三名呢？

福建第一，以前都是浙江第一，现在福建已经超过浙江了，福建人做茶叶可能比浙江人总体做得更好，福建从事茶业的人口也比浙江多。福建现在产值是80亿（第一产业），浙江省也接近80亿，第三是湖北。

随着茶叶产品结构的调整，名优茶对中国茶产业作出了非常大的贡献。名优茶占整个中国茶叶的产量不到40%，但是它的产值占了75%左右。中国的400多个亿第一产业茶叶产值，现在300亿是靠名优茶创造的。

在不同的茶类中，哪种茶类最多呢？在中国大家肯定感觉是绿茶最多，对的，我国135万吨里面，绿茶接近100万吨，其他茶类加起来三十几万吨。第二多的是什么茶？不是红茶，而是乌龙茶。世界范围内哪个茶类最多？红茶最多，像印度、斯里兰卡、肯尼亚基本上不做绿茶。其他的一些特种茶，像紧压茶、乌龙茶、普洱茶，其他国家基本上不生产，是我们国家特有的，包括我们湖南安化的黑茶，其他国家也做不了，所以特种茶是我们特有的。

在茶类结构方面，总体来讲，我们觉得茶类结构在不断优化，就是能够卖钱的茶叶、价格比较高的茶叶会越来越多，这种情况我觉得非常鼓舞人心。5年前我跟学生讲课，提到这个数字，觉得很自卑，2006年，我们的茶叶人均消费量是400克，只有八两。那时候世界平均是500克，我们是世界上最大的产茶国，但是我们的消费量不大，只有全世界人均消费量的80%。3年以后到2009年就不一样了，现在我们的人均消费量到了700克，世界平均610克。这个我们也觉得比较自豪。

从图7–3我们可以看到，最近几年中国人消费茶叶的量每年都在递增，而且递增的幅度非常大。大到什么程度呢？每年增加100克左右，所以我们很快会迎来人均1公斤的时代。1公斤的时代很快的！现在可能已经到800多克了，再过几年会超过1公斤。[①]中国13亿多人，如果每个人平均喝1公斤，那么我们的内销量从100万吨就可以变成130多万吨，所以这个局面会很快形成的。如果今天每个人喝1公斤的话，我们的茶叶就不用出口了，全部自己就能喝掉，所以内销量我们发展得非常快。

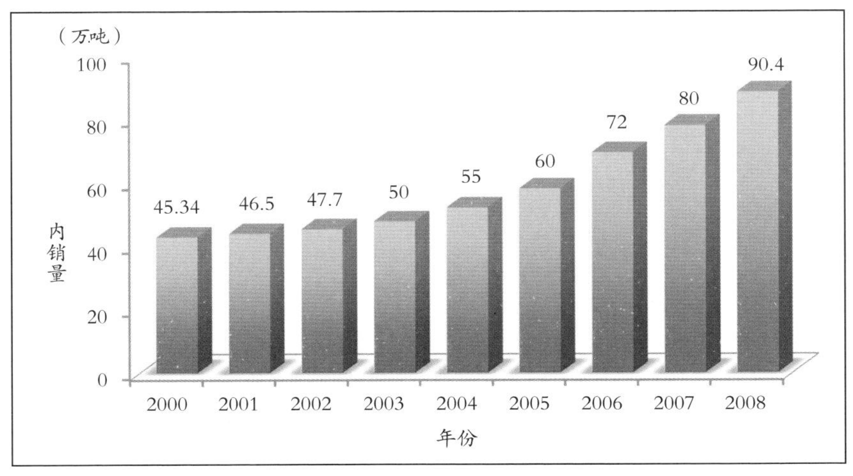

图7–3 中国茶叶内销量的变化

但是跟一些饮茶量大的地方和国家比，我们还是比较少的，如科威特、英

① 2014年人均年茶叶消费量已达1 200克。

国、土耳其、卡塔尔等，你看它们人均一年喝了4斤多的茶叶，它们那些地方绝大部分不产茶，但是消费量比我们大。这表示我们还有潜力。大家算一下，你一天喝几杯茶。我们通常就是正常喝茶，一天三杯茶，一杯茶3克，可以模糊计算为1～3.3克。那么我们一天三杯茶就是10克，你一年喝多少茶叶？3.65公斤！如果中国人每个人喝3.65公斤，那全世界所有的茶给你喝，你都不够喝。但是我们中国人也没有每个人喝茶，我们算它一半人喝茶，如果我们正常一天喝三杯，一天10克，一半人喝茶，你喝3.65公斤，一平均还有1.8公斤，这个还是能够达到的。所以这表示中国茶的消费前景还是非常大，因为少年儿童也可以喝茶，只要喝得淡一些，他（她）可以三杯加起来只有我们成人一杯的量，也是可以喝的，对身体也是有好处的。所以将来我们希望每个人都能喝茶。

关于宣传喝茶，浙江大学的梁月荣教授很有创意，他在很多年以前就提出这句口号“一杯茶工程”，他希望中国人每天能喝一杯茶，以前已经在喝茶的人，每天多喝一杯茶，这样我们茶的销量就会增加很多，茶农的收入就会增加很多。

图7–4是我国茶叶出口的情况，可以看到出口量每年都在增加，现在已经到了世界第二。我们以前讲中国的茶叶面积第一、产量第二、出口第三、出口换来钱第四，这个声音现在越讲越轻。现在我们是产量第一、面积第一，出口还是第二，出口换的钱现在还是第四。表示什么意思？我们以前卖给老外的出口的茶叶价格非常便宜。便宜到什么程度？大家算一下，平均我们1/4左右的茶叶出口，

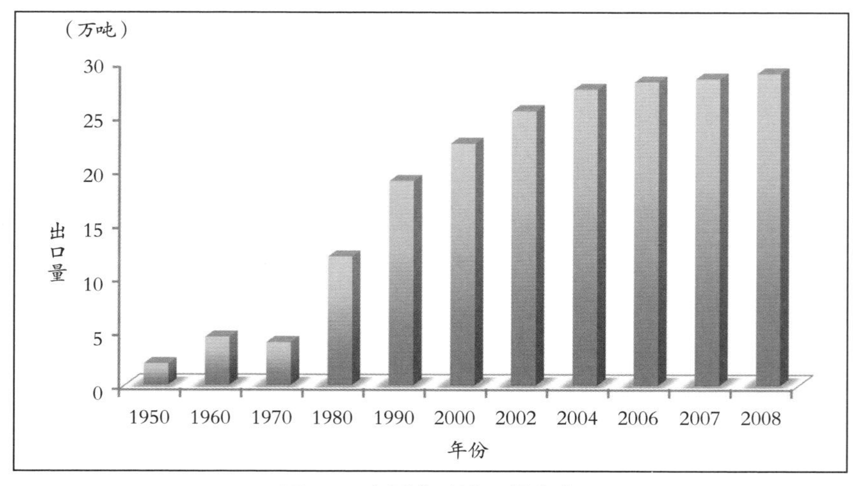

图7–4 中国茶叶出口量变化

总共卖了7个多亿美金。简单计算，1公斤多少钱？2个多美金！以前我们出口的茶叶平均价格非常低，红茶只有1.6个美金1公斤。那么以前为什么这么低？因为我们以前在这种环境下生产出来的（图7-5左），你看这位女工，她上厕所、到工厂车间里，穿同一双鞋子，她不会换鞋子的，茶叶放在地上用扫把去扫。以前老外拿到我们中国的茶叶，他老是发现我们的茶叶里有扫把屑，他很奇怪问我们的外贸人员：为什么你这个茶叶里有扫把屑？外贸人员当然不叫扫把屑，告诉他（她）我们的茶叶是非常生态环保的，都是种在竹园里面的，这个是竹子掉下来的。因为那个时候国内的标准中茶叶的检测标准是没有微生物这一项的，只有农药残留和重金属，那时候我们的茶叶都是合格的。后来到90年代初，我们出口一批茶叶，退回来一批。出去退回来，为什么？因为微生物超标，我们生产茶叶的环境不行，茶叶都摊在水泥地上或者泥地里。

图7-5 90年代茶叶生产环境（左）与现代化茶叶生产车间（右）

那么现在我们的茶厂是什么情况？

现在我们的茶厂跟食品厂、药厂建得一模一样，我们有QS认证，见图7-5右边的图片，所以大家不用担心现在你喝的茶叶也是那种扫起来的，不会的。现在我们的茶叶是不碰到地的，茶叶从这台设备到那台设备之间也不会碰到地面的，所以是非常安全干净的，大家放心。

再看表7-1，这个数字我觉得也是非常鼓舞人心的，中国茶产业的增长情况：13年前（2000年）中国茶产业总共多少钱——90亿；现在我们每年增加的产值超过以前几千年增加的产值，现在我们整个中国茶产业已经到了1 000亿了。

表7-1 近几年中国茶产值的增长

年份	产值（亿元）	一、二、三产业比
1990	46	100
2000	90	100
2002	125	83：15：2
2004	310（+93/年）	68：19：13
2006	550（+120/年）	59：28：13
2007	660（+110/年）	46：38：16
2008	820（+160/年）	43：43：14
2009	1000（+180/年）	41：45：14

从2000年到2009年10年中每年增加100多个亿，速度越来越快，现在可能每年增加200个亿，所以我们讲茶产业日进千里，一年相当于一千年。所以大家搞茶一定要有信心！以前我们跟学生讲课，你想做大老板卖茶叶是肯定不行的，总共只有90亿，几千万人去分，一除没多少。现在每年增加200亿，这200亿给你一个人够不够？1%就够了。所以现在茶叶界的老板越来越多，就是茶叶的富商越来越多，因为整个产业在增加，而且增加幅度越来越大。到2015年，整个中国茶产业可能到多少呢？——预计能到2 000亿。

如果一个农业产业超过2 000亿，国家会非常重视。我们经常开这个玩笑，现在我们搞茶事活动，可能省委书记、省长会来，但国家领导人不会来。5年以后我们搞茶文化活动，可能哪个副总理来参加我们的会，跟我们一起来喝茶了，这种可能性是存在的。所以我们觉得大家搞茶叶的前景非常好，现在是发展得最好的时期。那么我们再看表7-1中三个产业的比值，可以看到10年以前我们基本上没有第二、第三产业，除了有些茶馆，几乎全部是第一产业，尽管有一些茶的产品，但也不成气候，可以忽略不计的。现在你看一下，从2002年开始，第二产业、第三产业都出来了，第三产业相对比较稳定，第二产业从2002年的15%到

2009年已是45%了。2009年是一个非常重要的年份，你看一下，第二产业超过第一产业。第一产业就是我们讲的135万吨茶叶全部卖光，这个钱就是第一产业；第二产业把其中一部分的茶叶拿出来做成茶饮料、茶多酚片、茶食品等，即做成深加工终端产品。它的产值已经超过第一产业，这也是我们发展的一个趋势。我们茶叶产业虽然发展得这么好，但也存在着危机。现在中国的西南部在大力发展茶叶，5年以后我们觉得会出现问题。现在我们的生产量跟销售量基本上是平衡的，内销100万吨，出口30多万吨，我们生产量就是一百三十几万吨，所以基本上是产销平衡的。但5年以后如果我们这么多的面积，至少产量要180万吨，那时候我们的内销量算它人均1公斤也就130万吨，出口也就30万吨。这样到5年以后，我们茶叶的消费量可能只有160万吨左右，生产量180万吨，也就是说我们5年以后会多出20万吨茶叶。如果不采取一些有力的措施，中国茶产业5年后又会出现一个转折，很多农民觉得茶叶多了20万吨，肯定价格下来了或者卖不掉了，他（她）就会把茶树砍掉或者不去管它。

二、中国茶产业面临的挑战

在我国茶产业迅猛发展的同时，也出现了其他的一些问题，我们觉得茶产业正面临全方位的挑战。

一是资源利用率比较低。我们刚才有个数字，在全球层面上，就是面积一半，产量1/3。表示我们的平均单产没有世界平均高，也就是茶叶资源利用率大概只有1/4。而茶树的根、茎、花、叶、果都是可以利用的，但我们只用掉它的1/4。像江浙这一带产名优绿茶的地区，就采一个春茶，浪费非常大。

二是种植、加工水平和质量管理相对比较落后，这也是一个行业里面的问题。

三是名优茶发展迷失了方向。举两个例子。一个是今年我们西湖龙井最贵的3万块一斤，很多公司供不应求。你要拿一斤只给你半斤。这个价格我们觉得高于常规消费了。而名茶消费有这么一个特征，我们经常讲，喝茶的人他不用买，买茶的人他自己不喝。它是一种礼品——喝名优绿茶的大部分都是人家送来的。

买名优绿茶的人，他可能有事求人，因而送给同事、朋友。所以对于价格来说，有时候并不是需要这种品质的茶叶，而是需要这种价格的东西。因为这个价格，它已经成为一种奢侈品了。还有些地方过度依赖嫩芽，只采一个单芽，而单芽一般来说没有发育好，里面的有效成分不完整，茶芽不熟，茶味不足，可能对资源利用也是不利的。有的喝起来甚至非常淡，味道也不好，对身体作用不大。而且超豪华包装一盒茶叶，拎起来很重，打开一看里面只有半两。我们今年参加敬老茶会的同学看到里面这么大一个盒子，只有一两茶叶。茶叶的确很好，但是它这个包装实在太大了。有些名优茶的品质也不是很好，甚至西湖龙井也有部分可能是在其他地方生产的，甚至外省生产的都有。这也是名优茶发展的一个问题。

另一个例子是特种茶成了收藏品，我觉得也不能说它不对，这也可能是一种趋势。比如说像湖南安化的千两茶，很大一根，成为一种收藏品。如果将来中国老百姓，每个家庭放这么一根，我觉得对中国茶产业也是有帮助的。但是有的人觉得这个黑茶年份越久越好，这个我们认为是伪科学。很多人觉得家里有一个50年的饼或者100年的饼那就可以赚大钱，像云南那边以前是爷爷做普洱茶，把普洱茶饼做成墙、造一个小房子留给孙子，这个就是他的遗产，孙子把这个墙拆下来卖掉就变成钱。因为普洱茶时间放得越长，它的价格就越高。如果你家里现在有一个几十年的，价格就非常贵。但是从自然科学角度去理解，从营养保健角度去理解，我们觉得20年以上的不管是什么普洱茶，它的营养成分、保健成分都会损失比较大，就没什么意义了。所以，特种茶已经成为一种收藏品，我们觉得也是一种问题。

三、中国茶产业发展方向与对策

面对上述的几个问题，那我们要怎么办，这个产业应该怎么办？我们的建议是：一要稳定面积；二要促进消费；三要增加出口；四要扩大和深化茶叶深加工。

第一，稳定面积就是要适当控制面积，不能像西部发展那么快，每年增加100万亩，我觉得将来可能会出现问题的。像浙江省在提转型升级，农业要转型升级，不要在产量跟面积上做文章，而要从品质、从效益上做文章。我觉得浙江省这个政策非常对头，现在浙江省考虑引导茶农、茶叶生产企业往健康的方向去发展。以前是发展一亩茶叶，政府给你补贴多少钱，现在不给你补贴了。你把这个茶厂搞好给你补贴，把新产品开发出来、把夏秋茶利用掉给你补贴。

第二，促进消费。我们希望很快人均消费量能够增加到1～1.5公斤，那我们的茶叶销售就会比较好。

第三，要增加出口。这个增加出口的意思也并不是在量上做文章，我们的量已经比较多了，有30多万吨，而且这30多万吨从另一个角度看，不出口也没什么问题，卖了一点点钱，外国友人觉得我们这个茶叶不好喝。我们将来要出口的方向就是中高档茶。外国友人到中国来了以后，我们给他喝家里普通的茶叶，他觉得很好喝。后来在我们国家的留学生回国和我们到外面做生意的人出国，带一些普通的几十块、上百块的茶叶，外国友人觉得中国茶原来这么好喝。因此，将来我们的重点方向就是要把中高档的茶叶推出去。

第四，要扩大和深化茶叶深加工，这是解决茶产业发展方向问题的最重要的一个途径。这一点我们在前面几讲中已经提到，如何通过深加工充分开发茶叶诸多的健康功能对于整个产业的发展非常重要。总体而言，整个中国茶产业中茶的消费一定还会继续快速增长，绿茶的衍生产品一定会统领全球的茶叶市场。

一言以蔽之：我国茶产业已经迎来一个新的巨大的发展机遇，大家要珍惜这个机遇！这是一个为几千万人衣食之源的健康的产业。我们每天喝茶可以让我们身体更加健康！

第八讲

中国茶文化：茶意生活

茶贯穿了中国历史，也蕴含了中国文化。那么这一“国饮”是如何演变而来的呢？在历史更迭过程中，茶被赋予的内涵是如何延伸的？

杭州晓满茶书屋　胡廷 摄

茶文化与饮茶息息相关，可以说在品饮茶的过程中逐渐衍生并升华出了茶文化。在中国人的眼中，茶是中国传统文化中的一个象征性的符号，既“平实”又“华贵”，既可“入世”又可“出世”。经过几千年的积淀，中国茶文化已升华为中华民族的一种文化品质，对中国人的思想、感情和行为等方面有着广泛的影响，并促进了世界文明的发展和文化的交流。

首先我们要看什么是文化。这里有个故事：1999年，龙应台作为台北市首任文化局长接受议员的质询时，一个刚喝完酒的议员对着她大声说：“局长，你说吧，什么是文化？”龙应台说了下面一段话：“文化？它是随便一个人迎面走来，他的举手投足，他的一颦一笑，他的整体气质。他走过一棵树，树枝低垂，他是随手把枝折断丢弃，还是弯身而过？一只满身是癣的流浪狗走近他，他是怜悯地避开，还是一脚踢过去？电梯门打开，他是谦让地让人，还是霸道地把别人挤开？一个盲人和他并肩站在路口，绿灯亮了，他会搀那盲者一把吗？他与别人如何擦身而过？他如何低头系上自己松了的鞋带？他怎么从卖菜的小贩手里接过找来的零钱？”

我觉得文化在于行，而不在于言。那么什么是茶文化呢？就是以茶为载体，在种茶、制茶、饮茶等过程中被赋予意义的一种生活文化。

一、茶文化，生活文化

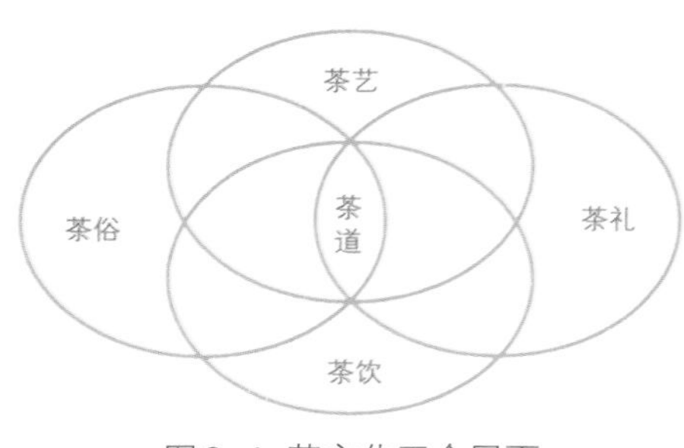

图8-1 茶文化五个层面

茶文化包括大众文化和精英文化，由茶饮、茶俗、茶礼、茶艺、茶道五个层面架构而成。很多人会问我茶艺与茶道有什么关系，我想把这个图（图8-1）送给大家。

大家可以看一下，茶文化由茶俗、茶礼、茶饮、茶艺、茶道五个层面构成，其中这五个层面又可以分成三个层次。第一个层次，物质文化层次。主要是茶饮，它是完全物质层次的。第二个层次，物质跟精神结合层，就是茶俗。茶礼跟茶艺，也是物质跟精神结合的产物。第三个层次，茶道，我们觉得是精神层面上的。常常有茶道表演一说，其实，所谓“道可道，非常道”，茶道是没法表演的，因为它是精神层次上的体验，是一种形而上学的理解。那么怎么去演绎呢？茶艺表演也许是可以的。而茶饮就是一种饮料，日常家居和工作劳动时的饮茶，是最坚实和广泛的基础。陆羽《茶经》中就说：“茶之为饮，滂时浸俗，盛于国朝，两都并荆渝间，以为比屋之饮。”民间俗语“一日开门七件事，柴米油盐酱醋茶”也是这个意思。我们常常看到这样的景象——农民拎一罐茶去田里干活，出租车司机有一缸茶，老师上课拿一杯茶——这个就是一种茶饮。

茶俗，就是一种风俗，像西藏的酥油茶、内蒙古的奶茶、云南的白族三道茶等（图8-2）。还包括一些神话、传说、谚语、歌谣。一般每个地方的茶馆风格不尽相同，像杭州、苏州、扬州、四川、北京、广州、上海等地茶馆、茶楼主题都是完全不一样的。茶礼就是一种礼仪、一种文明。我们讲得最多的就是客来敬茶，这是在

①白族三道茶
②基诺族凉拌茶
③西藏酥油茶
④广西侗族打油茶
⑤江南水乡的阿婆茶

图8-2 我国各地茶俗

图8-3 婚庆茶礼“合茶”（上）和宫廷茶礼

唐朝开始的，来个客人，给他敬一杯茶，这就是属于茶礼。那么像我们现在有的人结婚，他要奉一杯茶，给长辈奉一杯茶，大部分用盖碗茶，这个在江浙这一带也会比较多（图8-3）。

而茶艺除了饮用功能以外，还有审美功能，我们品茶通过茶水具的选择配置和冲泡技艺来展现茶的风采神韵，同时也表达自己的愿望与追求，这就是所谓的把物质跟精神结合在一起的桥梁。它对择茶、选水、火候、配具等都比较讲究，追求茶的色、香、味、形的品鉴。茶、水、火、具这四者之间，通过品饮者的取舍协调而成为完整的有机体，互相引发，互相衬托，好像是天作地设似的结合在一起。学茶艺的手法并不难，但是你要把它泡好，并在这个过程中有真切的感悟，这个可能需要时间、历练。精于茶艺的行家，很多是文化人。我们讲茶通六艺，茶艺是一门综合的艺术，琴棋书画、诗词歌赋、陶瓷工艺等都跟茶结缘，都属于茶艺的范围（图8-4）。

①宋代刘松《撵茶图》
②唐代阎立本《斗茶图卷》
③宋代赵佶《文会图》

图8-4 以茶入题的画作

历代的文人墨客，算是最有文化的人，他们的诗词歌赋也是茶艺的一部分。比如皎然的一首茶诗："三饮便得道，何须苦心破烦恼。此物清高世莫知，世人饮酒多自欺。"描写茶跟酒的一些区别。当然，最有名的是诗人卢仝的这首七碗茶诗（图8-5），我希望喜欢茶的能背下来。陆羽的《茶经》，苏东坡的"从来佳茗似佳人"，还有很多书法绘画、精美的茶具等都是茶艺的表现形式。

图8-5 唐·卢仝《走笔谢孟谏议寄新茶》

那么，茶道是什么？前面讲到"道可道，非常道"。"道生一，一生二，二生三，三生万物"，万物就是由道出来的。茶道是在泡茶和饮茶过程中蕴含的深层的智慧和对生命的体悟。茶给我们物质营养，是"万病之药"；更给我们精神营养，所谓"禅茶一味"，"茶最宜精行俭德之人"。

浙江大学茶学系的老前辈庄晚芳教授将中华茶德概括为"廉、美、和、敬"，有

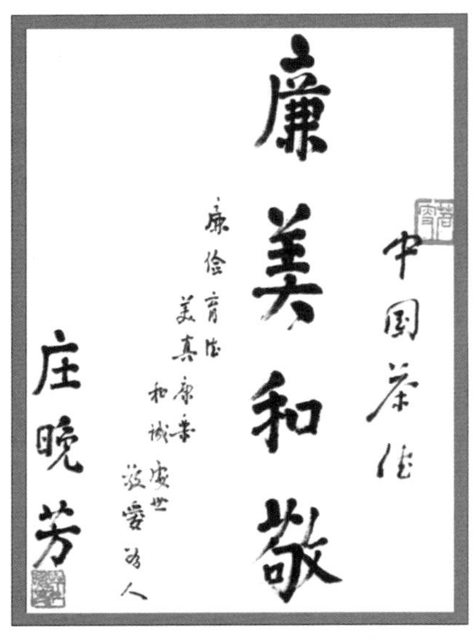

图8-6 庄晚芳先生“廉美和敬”题词

人认为这四个字是中国茶道的核心精神。我认为这四个字很好地将“不可道”的茶道用世俗的形式表现了出来（图8-6），具体内涵仁者见仁，智者见智，就请各位自己理解吧。

茶道跟佛家、儒家、道家都是密切相关的。在佛教的层面，我们经常会提到“茶禅一味”，一茶一禅，茶饮而禅定。在儒家的层面，通俗的理解就是希望能够通过茶这种形式，让我们能够为社会服务，让家庭更加和睦，所以茶可致清导和。在道家层面，就是用茶修身养性，卢仝的七碗茶诗就是最好的写照，茶让我们的身体更加健康，让我们的精神世界更加丰富，让我们的生命更加圆满。

二、我们眼中的中国茶德

那么茶文化在当今社会有什么意义呢？可以说，茶对个人、社会、世界都有积极的意义！

对个人的意义，可以引用陆羽《茶经》里面的一句话——“茶最宜精行俭德之人”，就是让我们品德更加高尚；对社会呢？庄晚芳教授提出的中国茶德、“茶为国饮”能更好地建设和谐社会。从这两个层面上我们延伸出去，如果全世界的人都喝茶，都是精行俭德之人，处处是和谐社会，那这个世界还会不和平吗？我想这就是“天下大同”的局面吧！

其实茶对于朋友和家庭也具有很重要的作用。朋友之间难免会有矛盾，但通过到茶馆里面去喝茶沟通就可以把这个矛盾化解掉。有的人把这个“和”字作为茶的一个很独特的文化内涵：茶“和”天下。总之，茶可以让人“气和血顺”，保持朋友间的和气，营造家庭与社会的和谐，促进国家间的交流与和平。

三、慢慢泡，慢慢品

生活中有思想的茶就是好茶。何为有思想？喝茶一定要跟几个朋友，有话题、有思想进行交流，这个茶就很好喝。在林清玄看来，选茶的道理其实和人们交友的道理相同："这就像宁可交一个朋友，但是要用心交流，而不是交一百个朋友像白开水一样没有滋味。从这些不同的角度去看，其实茶里面的学问真的很像人生。"鲁迅先生曾说："有好茶喝，会喝好茶，是一种'清福'。不过要享这'清福'，首先必须有工夫，其次是练出来的特别的感觉。"无论生活还是文学作品中，与茶有关的体悟比比皆是。

最后，借用卢仝的两句诗"七碗吃不得也，唯觉两腋习习清风生。蓬莱山，在何处？玉川子乘此清风欲归去"来作为结束。我们觉得卢仝可能已经悟到茶的真谛了。我们的人生只有经过挫折与失败，经历不断的翻滚和煎熬才能留下一缕袭人的幽香，这是泡茶的一种感悟。祝大家年逾茶寿！

茶知识漫谈

★ 茶与道家

从历史的角度看，道家与茶文化的渊源关系虽是人们谈论比较少的，但实质上是最为久远而深刻的。道家的自然观，一直是中国人精神生活及观念的源头。所谓"自然"，在道家指的是自然而然，道是自己如此的、自然而然的。道无所不在，茶道只是"自然"大道的一部分。茶的天然性质，决定了人们从发现它，到利用它、享受它，都必然要以上述观念灌注其全部历程。老庄的信徒们又欲从自然之道中求得长生不死的"仙道"，茶文化正是在这一点上与道家发生了原始的结合。玉川子要“乘此清风欲归去”，借茶力而羽化成仙，是毫不奇怪的。

陶弘景《杂录》中有“苦茶轻身换骨，昔丹丘子黄山启服之”的记载。余姚人虞洪，入山采茗。遇一道士，牵三青牛，引洪至瀑布山，曰：“予丹丘子也。闻子善具饮，常思见惠。山中有大茗，可以相给，祈于他日有瓯栖之余，乞相遗也。”因立奠祀。后常令家人入山，获大茗焉。丹丘子为汉代“仙人”，是茶文化中最早的一个道教人物。故事似不可全信，但仍有真确之处。陆羽《茶经·八之出》关于余姚瀑布泉的说法即为明证：“余姚县生瀑布泉岭，曰仙茗，大者殊异。”此处所指余姚瀑布与《神异记》中的余姚瀑布山实相吻合，历史上的余姚瀑布山确为产茶名山。因此“大茗”与“仙茗”的记载亦完全一致。这几则记录中的“荼”与“茗”，也就是今天的茶。

道教是以清静无为、自然而然的态度追求着神仙世界，并以茶能使人轻身换骨、羽化成仙，从而各地道观大都自产自用着自己的“道茶”，实现着自在自为的自然思想，这对原始性和开创性的茶道思想的形成，实在有着不可磨灭的功劳。“自然”的理念导致道教淡泊超逸的心志，它与茶的自然属性极其吻合，这就确立了茶文化虚静恬淡的本性。道家的学说为茶人的茶道注入了“天人合一”的哲学思想，树立了茶道的灵魂。同时，还提供了崇尚自然、崇尚朴素、崇尚真的美学理念和重生、贵生、养生的思想。

★“天人合一”

人化自然，在茶道中表现为人对自然的回归渴望，以及人对“道”的体认。具体地说，人化自然表现为在品茶时乐于与自然亲近，在思想情感上能与自然交流，在人格上能与自然相比拟并通过茶事实践去体悟自然的规律。这种人化自然，是道家“天地与我并生，而万物与我合一”思想的典型体现。中国茶道与日本茶道不同，中国茶道“人化自然”的渴求特别强烈，表现为茶人们在品茶时追求寄情于山水、忘情于山水、心融于山水的境界。元好问的《茗饮》一诗，就是天人合一在品茗时的具体写照，是契合自然的绝妙诗句：

宿醒来破厌觥船，紫笋分封入晓前。
槐火石泉寒食后，鬓丝禅榻落花前。
一瓯春露香能永，万里清风意已便。
邂逅化胥犹可到，蓬莱未拟问群仙。

诗人以槐火、石泉煎茶，对着落花品茗，一杯春露一样的茶能在诗人心中永久留香，而万里清风则送诗人梦游华胥国，并羽化成仙，神游蓬莱三山，可视为人化自然的极致。茶人也只有达到人化自然的境界，才能化自然的品格为自己的品格，才能从茶壶水沸声中听到自然的呼吸，才能以自己的"天性自然"去接近、去契合客体的自然，才能彻悟茶道、天道、人道。

"自然化的人"也即自然界万物的人格化、人性化。中国茶道吸收了道家的思想，把自然的万物都看成具有人的品格、人的情感，并能与人进行精神上的相互沟通，所以在中国茶人的眼里，大自然的一山一水一石一沙一草一木都显得格外可爱、格外亲切。在中国茶道中，自然人化不仅表现在山水草木等品茗环境的人化，而且包含了茶以及茶具的人化。品茶环境的人化，平添了茶人品茶的情趣。如曹松品茶"靠月坐苍山"，郑板桥品茶邀请"一片青山入座"，陆龟蒙品茶"绮席风开照露晴"，李郢品茶"如云正护幽人堑"，齐己品茶"谷前初晴叫杜鹃"，曹雪芹品茶"金笼鹦鹉唤茶汤"，白居易品茶"野麝林鹤是交游"，在茶人眼里，月有情、山有情、风有情、云有情，大自然的一切都是茶人的好朋友。诗圣杜甫的一首品茗诗写道：落日平台上，春风啜茗时。石阑斜点笔，桐叶坐题诗。翡翠鸣衣桁，蜻蜓立钓丝。自逢今日兴，来往亦无期。全诗人化自然和自然人化相结合，情景交融，动静结合，声色并茂，虚实相生。苏东坡有一首把茶人化的诗：仙山灵雨湿行云，洗遍香肌粉未匀。明月来投玉川子，清风吹破武林春。要知冰雪心肠好，不是膏油首面新。戏作小诗君莫笑，从来佳茗似佳人。

正因为道家"天人合一"的哲学思想融入了茶道精神之中，在中国茶人心里充满着对大自然的无比热爱，中国茶人有着回归自然、亲近自然的强烈渴望，所以中国茶人最能领略到"情来爽朗满天地"的激情以及"更觉鹤心杳冥"那种与大自然达到"物我玄会"的绝妙感受。

★ 茶与儒家：中和之境

茶文化的核心思想则应归之于儒家学说。这一核心即以礼教为基础的"中和"思想。儒家讲究"以茶可行道"，是"以茶利礼仁"之道。所以这种茶文化首先注重的是"以茶可雅志"的人格思想，儒家茶人从"洁性不可污"的茶性中吸取了灵感，应用到人格思想中，这是其高明之处。因为他们认为饮茶可自省、可审己，而只有清醒地看待自己，才能正确地对待他人；所以"以茶表敬意"成为“以茶可雅志”的逻辑延续。足见儒家茶文化表明了一种人生态度，基本点在从自身做起，落脚点在“利仁”，最终要达到的目的是化民成俗。所以“中和”境界始终贯穿其中。

儒家茶文化代表着一种中庸、和谐、积极入世的儒教精神，其间蕴含的宽容平和与绝不强加于人的心态，恰恰是人类的个体之间、社群之间、文化之间、宗教之间、种族之间、性别之间、地域之间、语言之间乃至天、地、人、物、我之间的相处之道，相互尊重，共存共生，这恰恰又正是最具有现代意识的宇宙伦理、社群伦理和人道原则。能以清茶一杯，体现这些原则，加强这些原则，这岂不是一种儒学的天地中和境界吗？刘贞亮提出的“以茶可行道”，实质上就是指中庸之道。因为“以茶利礼仁”“以茶表敬意”“以茶可雅志”，终究是为“以茶行道”开路的。在这里，儒家的逻辑思路是一贯的。不少茶文化学人都指出，陆羽的《茶经》就吸取了儒家的经典《易经》的“中”的思想，即便在他所制的器具上也有所反映。如煮茶的风炉，“风炉以铜铁铸之，如古鼎形。厚三分，缘阔九分，令六分虚中”。炉有三足，足间三窗，中有三格，它以“六分虚中”充分体现了《易经》“中”的基本原则。它是利用易学象数所严格规定的尺寸来实践其设计思想的。风炉一足上铸有“坎上巽下离于中”的铭文，同样显示出“中”的原则和儒家阴阳五行思想的糅合。坎、巽、离都是周易八卦的卦名。八卦中，坎代表水，巽代表风，离代表火。陆羽将此三卦及代表这三卦的鱼（水虫）、彪（风兽）、翟（火禽），绘于炉上。因“巽主风，离主火，坎主水；风能兴火，火能熟水，故备其三卦焉”。儒家阴阳五行的“中”道已跃然其上，纯然是“时中”原则的体现。陆羽以此表现茶事即煮茶过程中的风助火、火熟水、水煮茶，三者相生相助，以茶协调五行，以达到一种和谐的时中平衡态。风炉另一足铸有“体均五行去百疾”，则明显是以上面那句“坎上巽下离于中”的中道思想、和谐原则为基础的，因其“中”所得到的平衡和谐，才可导致“体均五行去百疾”。“体”指炉体。“五行”即谓金、木、水、火、土。风炉因以铜铁铸之，故得金之象；而上有盛水器皿，又得水之象；中有木炭，还得到木之象；以木生火，得火之象；炉置地上，则得土之象。这样看来，它因循有序，相生相克，阴阳谐调，岂有不“去百疾”之理。第三足铭文“圣唐灭胡明年铸”，是表纪年与实事的历史纪录。但它的意义决不能等闲视之。因陆羽的时代是著名的“圣唐”，圣唐的和谐安定正是人们向往的理想社会，像陆羽这样熟读儒家经典又深具儒家情怀的人，绝不会只把这种向往之情留给自己，他要通过茶道（而不是别的方式）来显扬这种儒家的和谐理想，把它带给人间。从其所创之“鍑”（锅）是以“方其耳以令正也；广其缘以务远也；长其脐以守中也”为指导思想这点来看，陆羽所具“守中”即儒家的“时中”精神，正是代表了儒教的治国理想。茶道以“和”为最高境界，亦充分说明了茶人对儒家和谐或中和哲学的深切把握。无论是宋徽宗的“致清导和”，还是陆羽的谐调五行的“中”道之和，还是斐汶的“其功致和”，还是刘贞亮的“以茶可行道”之和，都无疑是以儒家的“中和”与和谐精神作为中国的“茶道”精神。懂得了这点，就有了破解中国茶道秘密的钥匙。

“敬”是儒家茶文化中的一个重要范畴。客来敬茶，就是儒家思想主诚、主敬的一种体现。刘贞亮“十德”中所讲的“以茶表敬意”“以茶利礼仁”，都有一个敬字的内涵。在古代婚俗中，以茶作聘礼又自有其特殊的儒教文化意义。宋人《品茶录》云：“种茶必下子，若移植则不复生子，故俗聘妇，必以茶为礼，义故有取。”明郎瑛《七修类稿》谓：“种茶下子，不可移植，移植则不复生也。故女子受聘，谓之吃茶。又聘以茶为礼者，见其从一之义也。”此外，王象晋《茶谱》、陈耀文《天中记》、许次纾《茶疏》等著作均有内容极为相近的记述，他们都无一例外地认为茶为聘礼，取其从一不二、绝不改易的纯洁之义。因此，民间订婚有时被称为下茶礼，即取茶性情不移而多子之意。茶被人们仰之为崇高的道德象征，人们对茶不仅仅是偏爱，更多的是恭敬，并引而为楷模。此时的茶礼，其内涵早已超出茶本身的范畴而简直成为嫁娶中诸多礼节的代名词。《见闻录》载：“通常订婚，以茶为礼。故称乾宅致送坤宅之聘金曰茶金，亦称茶礼，又曰代茶。女家受聘曰受茶。”究其实，这是儒教的一种道德要求，即三从四德。显然，它体现了封建社会中对妇女的不平等的道德约束，说到底，是把茶比作古代烈女一样，从一而终，各安其分。然而，尽管这种茶为聘礼的风俗其原意是为了宣扬儒家封建礼教，但从民俗角度看，仍有其积极意义。况且这种风俗发展到后来，人们也就逐渐淡忘了其原本肃穆的礼教，而纯然是作为一种婚礼形式，在一派喜庆的气氛中，也就无暇去追究其所以然了。江西农村，虽往日那般烦琐婚礼已大为简化，但迎亲那天在男女双方聘礼与嫁礼中，仍撒置茶叶，可见儒教古风犹存。江南婚俗中有“三茶礼”：订婚时“下茶”；结婚时“定茶”；同房时“合茶”。有时，“三茶礼”也指婚礼时的三道茶仪式：第一道白果；第二道莲子、枣儿；第三道方为茶。皆取“至性不移”之义。可见儒家礼义之深入人心。

用茶叶祭神祀祖，在古代中国亦成为一种民俗。有文字记载的，可追溯到两晋南北朝时期，梁朝萧子显在《南齐书》中谈到：南朝时，齐世祖武皇帝在他的遗诏中有“我灵座上，慎勿以牲为祭，但设饼果、茶饮、干饭、酒脯而已”的交代。此前东晋干宝所撰《搜神记》有“夏侯恺因疾死，宗人字苟奴察见鬼神，见恺来收马，并病其妻，著平上帻，单衣入，坐生时西壁大床，就人觅茶饮”。至于用茶作为丧者的随葬物，20世纪70年代从长沙马王堆西汉古墓出土的茶叶中得到了印证。事实上，这种习俗在我国不少产茶区一直沿用下来，如湘中地区丧者的茶枕、安徽丧者手中的茶叶包。安徽黄山一带人民至今甚至还有在香案上供奉一把茶壶的习俗，据说这是为了纪念明朝徽州知府进京为救民命而设立的。这是充满儒教精神的行为。在中国人的祖先崇拜中，儒教讲究的是“慎终追远”。朱熹的解释是“慎终者，丧尽其礼；追远者，祭尽其礼”。从哲学内涵看，这已不完全是一种儒家的孝道了，所谓“生，事之以礼。死，葬之以礼，祭之以礼”。既然作为儒教基本道德目标的“孝道”，要求人们要“敬”“无违”“三年无改于父道”，所以被誉为“琼浆甘露”的茶，在其祖先的生前必不可少，死后又有什么理由能不陈供呢？况且茶在他们自己的生活中既为普遍爱好也是容易得到的。有一则民间传说，认为人死之后，在去阴间的路上有一条奈河，奈河桥畔，孟婆准备了一种茶汤，说是喝了这种茶汤，到阴间会忘记生前的一切事情，可以加速其投生转世。既然人们认为焚化纸钱、衣物都是为亡灵所用，可见孟婆的茶汤也都是未亡人所祭供的。为了纪念祖先亡灵，作为未亡人的后辈自然要勤供茶汤以及其他物品，不能疏忽大意。这里有“慎终追远”的含义，追忆祖先应是其中的实质性内容。

我们说儒家茶文化有“化民成俗之效”是丝毫不过分的。因为儒家正是以自己的“茶德”作为茶文化的内在核心，从而形成了民俗中的一套价值系统和行为模式，它对人们的思维乃至行为方式都起到指导和制约的作用。

★ 茶与佛家：禅茶一味

佛教于公元前6—前5世纪间创立于古印度，在两汉之际传入中国，经魏晋南北朝的传播与发展，到隋唐时达到鼎盛时期。而茶兴于唐、盛于宋。创立中国茶道的茶圣陆羽，自幼曾被智积禅师收养，在竟陵龙盖寺学文识字、习诵佛经，其后又与唐代诗僧皎然和尚结为“生相知，死相随”的缁素忘年之交。在陆羽的

《自传》和《茶经》中都有对佛教的颂扬及对僧人嗜茶的记载。可以说，中国茶道从一开始萌芽，就与佛教有千丝万缕的联系，其中僧俗两方面都津津乐道，并广为人知的便是——禅茶一味。

★ 禅茶一味

1.“禅茶一味”的思想基础

茶与佛教的最初关系是茶为僧人提供了无可替代的饮料，而僧人与寺院促进了茶叶生产的发展和制茶技术的进步，进而，在茶事实践中，茶道与佛教之间找到了越来越多的思想内涵方面的共通之处。

其一曰“苦”

佛理博大无限，但以“四谛”为总纲。

释迦牟尼成道后，第一次在鹿野苑说法时，谈的就是“四谛”之理，而“苦、集、灭、道”四谛以苦为首。人生有多少苦呢？佛以为，有生苦、老苦、病苦、死苦、怨憎会苦、爱别离苦、求不得苦等，总而言之，凡是构成人类存在的所有物质以及人类生存过程中的精神因素都可以给人带来“苦恼”，佛法求的是“苦海无边，回头是岸”。参禅即是要看破生死观，达到大彻大悟，求得对“苦”的解脱。茶性也苦，李时珍在《本草纲目》中载：“茶苦而寒，阴中之阴，最能降火。火为百病，火清则上清矣。”从茶的苦后回甘、苦中有甘的特性，佛家可以产生多种联想，帮助修习佛法的人在品茗时品味人生，参破苦谛。

其二曰“静”

茶道讲究“和静怡真”，把“静”作为达到心斋坐忘、涤除玄鉴、澄怀味道的必由之路。佛教也主静。佛教坐禅时的五调（调心、调身、调食、调息、调睡眠）以及佛学中的“戒、定、慧”三学也都是以静为基础。佛教禅宗便是从“静”中创出来的。可以说，静坐静虑是历代禅师们参悟佛理的重要课程。在静坐静虑中，人难免疲劳发困，这时候，能提神益思克服睡意的只有茶，茶便成了禅者最好的“朋友”。

其三曰“凡”

日本茶道宗师千利休曾说过：“须知道茶之本不过是烧水点茶。”此话一语中的。茶道的本质确实是从微不足道的日常生活、琐碎的平凡生活中去感悟宇宙的奥秘和人生的哲理。禅也是要求人们通过静虑，从平凡的小事中去契悟大道。

其四曰“放”

人的苦恼，归根结底是因为“放不下”，所以，佛教修行特别强调“放下”。近代高僧虚云法师说：“修行须放下一切方能入道，否则徒劳无益。”放下一切是放什么呢？内六根，外六尘，中六识，这十八界都要放下。总之，身心世界都要放下。放下了一切，人自然轻松无比，看世界天蓝海碧，山清水秀，日丽风和，月明星朗。品茶也强调“放”，放下手头工作，偷得浮生半日闲，放松一下自己紧绷的神经，放松一下自己被囚禁的性情。演仁居士有诗最妙：放下亦放下，何处来牵挂？做个无事人，笑谈星月大。愿大家都做个放得下、无牵挂的茶人。

2.佛教对茶道发展的贡献

自古以来僧人多爱茶、嗜茶，并以茶为修身静虑之侣。为了满足僧众的日常饮用和待客之需，寺庙多有自己的茶园；同时，在古代也只有寺庙最有条件研究并发展制茶技术和茶文化。我国有“自古名寺出名茶”的说法。唐代《国史补》记载，福州“方山露芽”、剑南“蒙顶石花”、岳州“悒湖含膏”、洪州“西山白露”等名茶均出产于寺庙。僧人对茶的需要从客观上推动了茶叶生产的发展，为茶道提供了物质基础。

此外，佛教对茶道发展的贡献主要有三个方面：

（1）高僧们写茶诗、吟茶词、作茶画，或与文人唱和茶事，丰富了茶文化的内容。

（2）佛教为茶道提供了“梵我一如”的哲学思想及“戒、定、慧”三学的修习理念，深化了茶道的思想内涵，使茶道更有神韵。特别是“梵我一如”的世界观与道教的“天人合一”的哲学思想相辅相成，形成了中国茶道美学对“物我玄会”境界的追求。

（3）佛门的茶事活动为茶道的表现形式提供了参考。郑板桥有一副对联写得很妙：“从来名士能品水，自古高僧爱斗茶。”佛门寺院持续不断的茶事活动，对提高茗饮技法、规范茗饮礼仪等都广有帮助。在南宋宁宗开禧年间，经常举行上千人的大型茶宴，并把寺庙中的饮茶规范纳入了《百丈清规》，近代有的学者认为《百丈清规》是佛教茶仪与儒家茶道相结合的标志。

3.“禅茶一味”的意境

要真正理解禅茶一味，全靠自己去体会。这种体会可以通过茶事实践去感受，也可以通过对茶诗、茶联的品味去参悟。

★ 吃茶去的故事

唐代从谂禅师，俗姓郝，曹州郝乡人（在今山东）。幼年出家，不久南下参谒南泉普愿，学得南宗禅的奇峭，凭借自己的聪明灵悟，将南宗禅往前大大发展了一步。以后常住赵州观音寺，人称“赵州和尚”。

一天，寺里来了个新和尚。新和尚来拜见，赵州和尚问：“你来过这里吗？”

“来过。”

“吃茶去。”

新和尚连忙改口：“没来过。”

“吃茶去。”赵州和尚仍是这句话。

在一旁的院主不解，上前问：“怎么来过这里，叫他吃茶去；没来过这里，也叫他吃茶去？”

赵州和尚回答：“吃茶去。”

这便是千古禅林法语“吃茶去”的来历。《五灯会元》记：“问：如何是和尚家风？师曰：饭后三碗茶。”《景德传灯录》记：“晨起洗手面，盥漱了吃茶。吃茶了佛前礼拜，归下去打睡了。起来洗手面，盥漱了吃茶。吃茶了东事西事，上堂吃饭了洗漱，漱洗了吃茶，吃茶了东事西事。”这些都是源自赵州和尚“吃茶去”的公案。近人赵朴初题诗吟咏此典：“七碗受至味，一壶得真趣。空持百千偈，不如吃茶去。”吃茶是再普通不过的事，生活本身就是修行，茶道是生活的茶道，生活是茶道的生活。

第九讲

中国茶·世界道

“茶”贯穿了中国历史，也蕴含了中国文化。那么这一“国饮”是如何演变而来的呢？在历史更迭过程中，茶被赋予的内涵是如何延伸的呢？

杭州晓满茶书屋　胡廷　摄

本讲从茶的冲泡方式演变说起，就国内外的“茶俗”“茶礼”“茶艺”“茶道”进行介绍和解释。

一、茶饮

中国饮茶历史最早，陆羽《茶经》云：“茶之为饮，发乎神农氏，闻于鲁周公。”早在神农时期，茶及其药用价值已被发现，并由药用逐渐演变成日常生活饮料。我国历来对选茗、取水、备具、佐料、烹茶、奉茶以及品尝方法都颇为讲究，因而逐渐形成了丰富多彩、雅俗共赏的饮茶习俗和品茶技艺。我们让时间之河往前流淌一会儿，一起来看看茶饮的前世今生。

春秋以前，最初茶叶作为药用而受到关注。古代人直接含嚼茶树鲜叶汲取茶汁而感到芬芳、清口并富有收敛性快感，久而久之，茶的含嚼成为人们的一种嗜好。该阶段，可说是茶之为饮的前奏。

随着人类生活的进化，生嚼茶叶的习惯转变为煎服。即鲜叶洗净后，置陶罐中加水煮熟，连汤带叶服用。煎煮而成的茶，虽苦涩，然而滋味浓郁，风味与功效均胜几筹，日久，自然养成煮煎品饮的习惯，这是茶作为饮料的开端。

然而，茶由药用发展为日常饮料，经过了食用阶段作为中间过渡，即以茶当菜，煮作羹饮。茶叶煮熟后，与饭菜调和一起食用。此时，用茶的目的，一是增加营养，一是作为食物解毒。《晏子春秋》记载：“晏子相景公，食脱粟之饭，炙三弋五卵茗菜而已”；又《尔雅》中，“苦荼”一词注释云“叶可炙作羹饮”；《桐君录》等古籍中，则有茶与桂姜及一些香料同煮食用的记载。此时，茶叶利用方法前进了一步，运用了当时的烹煮技术，并已注意到茶汤的调味。

秦汉时期，茶叶的简单加工已经开始出现。鲜叶用木棒捣成饼状茶团，再晒干或烘干以存放，饮用时，先将茶团捣碎放入壶中，注入开水并加上葱、姜和橘子调味。此时茶叶不仅是日常生活之解毒药品，且成为待客之食品。另外，由于秦统一了巴蜀（我国较早传播饮茶的地区），促进了饮茶知识与风俗向东延伸。西汉时，茶已是宫廷及官宦人家的一种高雅消遣，王褒《僮约》已有“武阳买茶”的记载。三国时期，崇茶之风进一步发展，开始注意到茶的烹煮方法，此时出现“以茶当酒”的习俗（见《三国志·吴志》），说明华中地区当时饮茶已比较普遍。到了两晋、南北朝，茶叶从原来珍贵的奢侈品逐渐成为普通饮料。

隋唐时，茶叶多加工成饼茶。饮用时，加调味品烹煮汤饮。随着茶事的兴旺，贡茶的出现加速了茶叶栽培和加工技术的发展，涌现了许多名茶，品饮之法也有较大的改进。尤其到了唐代，饮茶蔚然成风，饮茶方式有较大之进步。此时，为改善茶叶苦涩味，开始加入薄荷、盐、红枣调味。此外，已使用专门烹茶器具，论茶之专著已出现。陆羽《茶经》三篇，备言茶事，更对茶之饮之煮有详细的论述。此时，对茶和水的选择、烹煮方式以及饮茶环境和茶的质量也越来越讲究，逐渐形成了茶道。由唐前之“吃茗粥”到唐时人视茶为“越众而独高”，是我国茶文化的一大飞跃。

“茶兴于唐而盛于宋”，在宋代，制茶方法出现改变，给饮茶方式带来深远的影响。宋初茶叶多制成团茶、饼茶，饮用时碾碎，加调味品烹煮，也有不加的。随着茶品的日益丰富与品茶的日益考究，逐渐重视茶叶原有的色香味，调味品逐渐减少。同时，出现了用蒸青法制成的散茶，且不断增多，茶类生产由团饼为主趋向以散茶为主。此时烹饮手法逐渐简化，传统的烹饮习惯，由宋开始而至明清，出现了巨大变革。

明代后，由于制茶工艺的革新，团茶、饼茶已较多改为散茶，烹茶方法由原来的煎煮为主逐渐向冲泡为主发展。茶叶冲以开水，然后细品缓啜，清正、袭人的茶香，甘冽、酽醇的茶味以及清澈的茶汤，让人更能领略到茶天然之色香味。

明清之后，随着茶类的不断增加，饮茶方式出现两大特点：①品茶方法日臻完善而讲究。茶壶、茶杯要用开水先洗涤，干布擦干。茶渣先倒掉，再斟。器皿也“以紫砂为上，盖不夺香，又无熟汤气”。②出现了六大茶类，品饮方式也随茶类不同而有很大变化。同时，各地区由于不同风俗，开始选用不同茶类。如两广喜好红茶，福建多饮乌龙，江浙则好绿茶，北方人喜花茶或绿茶，边疆少数民族多用黑茶、茶砖。

（一）煮茶法

所谓煮茶法，是指茶入水烹煮而饮。唐代以前无制茶法，往往是直接采生叶煮饮，唐以后则以干茶煮饮。西汉王褒《僮约》：“烹茶尽具。”西晋郭义恭《广志》：“茶丛生，真煮饮为真茗茶。”东晋郭璞《尔雅注》：“树小如栀子，冬生，叶可煮作羹饮。”晚唐杨华《膳夫经手录》：“茶，古不闻食之。近晋、宋以降，吴人采其叶煮，是为茗粥。”晚唐皮日休《茶中杂咏》序云：“然季疵以前称茗饮者，必浑以烹之，与夫瀹蔬而啜饮者无异也。”汉魏南北朝以迄初唐，主要是直接采茶树生叶烹煮成羹汤而饮，饮茶类似喝蔬茶汤，此羹汤吴人又称之为“茗粥”。

唐代以后，制茶技术日益发展，饼茶（团茶、片茶）、散茶品种日渐增多。唐代饮茶以陆羽式煎茶为主，但煮茶旧习依然难改，特别是在少数民族地区较流行。中唐陆羽《茶经·五之煮》载：“或用葱、姜、枣、橘皮、茱萸、薄荷之等，煮之百沸，或扬令滑，或煮去沫，斯沟渠间弃水耳，而习俗不已。”晚唐樊绰《蛮书》记：“茶出银生城界诸山。散收，无采造法。蒙舍蛮以椒、姜、桂和烹而饮之。”唐代煮茶，往往加盐、葱、姜、桂等作料。

宋代，苏辙《和子瞻煎茶》诗有“北方俚人茗饮无不有，盐酪椒姜夸满口”，黄庭坚《谢刘景文送团茶》诗有“刘侯惠我小玄璧，自裁半璧煮琼糜”。宋代，北方少数民族地区以盐酪椒姜与茶同煮，南方也偶有煮茶。明代陈师《茶考》载：“烹茶之法，唯苏吴得之。以佳茗入磁瓶火煎，酌量火候，以数沸蟹眼为节。”清代周蔼联《竺国记游》载：“西藏所尚，以邛州雅安为最……其熬茶有火候。”明清以迄今，煮茶法主要在少数民族流行。

（二）煎茶法

煎茶法是指陆羽在《茶经》里所创造、记载的一种烹煎方法，其茶主要用饼茶，经炙烤、碾罗成末，候汤初沸投末，并加以环搅，沸腾则止。而煮茶法中茶投冷、热水皆可，需经较长时间的煮熬。煎茶法的主要程序有备器、选水、取火、候汤、炙茶、碾茶、罗茶、煎茶（投茶、搅拌）、酌茶。

煎茶法在中晚唐很流行，唐诗中多有描述。刘禹锡《西山兰若试茶歌》诗有“骤雨松声入鼎来，白云满碗花徘徊”。僧皎然《对陆迅饮天目茶园寄元居士》诗有“文火香偏胜，寒泉味转嘉。投铛涌作沫，著碗聚生花”。白居易《睡后茶兴忆杨同州》诗有“白瓷瓯甚洁，红炉炭方炽。沫下曲尘香，花浮鱼眼沸”。白居易《谢里李六郎寄新蜀茶》诗有“汤添勺水煎鱼眼，末下刀圭搅曲尘”。卢仝《走笔谢孟谏议寄新茶》诗有“碧云引风吹不断，白花浮光凝碗面”。李群玉《龙山人惠石糜方及团茶》诗有“碾成黄金粉，轻嫩如松花”，“滩声起鱼眼，满鼎漂汤霞”。

五代徐夤《谢尚书惠蜡面茶》诗有“金槽和碾沉香末，冰碗轻涵翠缕烟。分赠恩深知最异，晚铛宜煮北山泉”。北宋苏轼《汲江煎茶》诗有“雪乳已翻煎处脚，松风忽作泻时声”。北宋苏辙《和子瞻煎茶》诗有“铜铛得火蚯蚓叫，匙脚旋转秋萤火”。北宋黄庭坚《奉同六舅尚书咏茶碾煎茶三药》诗有“冈炉小鼎不须催，鱼眼长随蟹眼来”。南宋陆游《郊蜀人煎茶戏作长句》诗有“午枕初回梦蝶度，红丝小皑破旗枪。正须山石龙头鼎，一试风炉蟹眼汤”。五代、宋朝流行点茶法，从五代到北宋、南宋、煎茶法渐趋衰亡，南宋末已无闻。

（三）点茶法

点茶法是将茶碾成细末，置茶盏中，以沸水点冲（图9-1）。先注少量沸水调膏，继之量茶注汤，边注边用茶筅击拂。《荈茗录》“生成盏”条记：“沙门福全生于金乡，长于茶海，能注汤幻茶，成一句诗。并点四瓯，共一绝句，泛乎汤表。”其《茶百戏》条记：“近世有下汤运匙，别施妙诀，使汤纹水脉成物象者，禽兽虫鱼花草之属，纤巧如画。”注汤幻茶成诗成画，谓之茶百戏、水丹青，宋人又称“分茶”。《荈茗录》乃陶谷《清异录》“荈茗部”中的一部分，而陶谷历仕晋、汉、周、宋，所记茶事大抵都属五代十国并宋初事。点茶是分茶的基础，所以点茶法的起始当不会晚于五代。

图9-1 表演宋代点茶法

从蔡襄《茶录》、宋徽宗《大

观茶论》等书看来，点茶法的主要程序有备器、洗茶、炙茶、碾茶、磨茶、罗茶、择水、取火、候汤、炙盏、点茶（调膏、击拂）。

点茶法风行宋元时期，宋人诗词中多有描写。北宋范仲淹《和章岷从事斗茶歌》诗有“黄金碾畔绿尘飞，碧玉瓯中翠涛起”。北宋苏轼《试院煎茶》诗有“蟹眼已过鱼眼生，飕飕欲作松风鸣。蒙茸出磨细珠落，眩转绕瓯飞雪轻”。北宋苏辙《宋城宰韩秉文惠日铸茶》诗有“磨转春雷飞白雪，瓯倾锡水散凝酥”。南宋杨万里《澹庵坐上观显上人分茶》诗有“分茶何似煎茶好，煎茶不似分茶巧”。宋释惠洪《无学点茶乞诗》诗有“银瓶瑟瑟过风雨，渐觉羊肠挽声变。盏深扣之看浮乳，点茶三昧须饶汝”。北宋黄庭坚《满庭芳》词有“碾深罗细，琼蕊冷生烟”，“银瓶蟹眼，惊鹭涛翻”。

明朝前中期，仍有点茶。朱元璋十七子、宁王朱权《茶谱》序云：“命一童子设香案、携茶炉于前，一童子出茶具，以瓢汲清泉注于瓶而饮之。然后碾茶为末，置于磨令细，以罗罗之。候汤将如蟹眼，量客众寡，投数匙入于巨瓯。候汤出相宜，以茶筅摔令沫不浮，乃成云头雨脚，分于啜瓯。”朱权“崇新改易”的烹茶法仍是点茶法。

点茶法盛行于宋元时期，并北传辽、金。元明因袭，约亡于明朝后期。

（四）泡茶法

泡茶法是以茶置茶壶或茶盏中，以沸水冲泡的简便方法。过去往往依据陆羽《茶经·七之事》所引“《广雅》云”文字，认为泡茶法始于三国时期，但经考证，“《广雅》云”这段文字既非《茶经》正文，亦非《广雅》正文，当属《广雅》注文，不足为据。

陆羽《茶经·六之饮》载：“饮有粗、散、末、饼者，乃斫、乃熬、乃炀、乃舂，贮于瓶缶之中，以汤沃焉，谓之庵茶。”即以茶置瓶或缶（一种细口大腹的瓦器）之中，灌上沸水淹泡，唐时称“庵茶”，此庵茶开后世泡茶法的先河。

唐五代主煎茶，宋元主点茶，泡茶法直到明清时期才流行。朱元璋罢贡团饼茶，遂使散茶（叶茶、草茶）独盛，茶风也为之一变。明代陈师《茶考》载：“杭俗烹茶，用细茗置茶瓯，以沸汤点之，名为撮泡。”置茶于瓯、盏之中，用沸水冲泡，明时称“撮泡”，此法沿用至今。

明清更普遍的还是壶泡，即置茶于茶壶中，以沸水冲泡，再分酾到茶盏（瓯、杯）中饮用。据张源《茶录》、许次纾《茶疏》等书，壶泡的主要程序有备器、择水、取火、候汤、投茶、冲泡、酾茶等。现今流行于闽、粤、台地区的“工夫茶”则是典型的壶泡法。

二、世界茶俗

我国是茶文化的故土。早在西汉时期，我国巴蜀地区已普遍兴起饮茶之风。那时我国与南洋诸国通商，由广东出海至印度支那半岛和印度南部等地，从此茶叶就在这一带传播开来。之后茶叶又随丝绸之路的开辟外传入西亚乃至欧洲地区，同时也不断地通过使者和僧侣向周边国家地区传播，尤其是朝鲜、日本等国。中国茶叶的传播既通过碧波万顷的海路，又通过蜿蜒曲折的陆路，在“茶叶之路”上既有舟楫横渡的壮观，又有车马奔驰的喧嚣。

当中国的饮茶与各国不同的生活方式、风土人情，以至宗教意识相融合，就呈现出五彩缤纷的世界各民族饮茶习俗。所谓“千里不同风，百里不同俗”，饮茶风俗具有明显的区域性，它泛指某一地区或某一民族习惯于喝某种茶，习惯于某些特定的茶具、茶器，习惯于某种沏茶方式或喝茶方式，包括在特定条件下，用特定的礼仪与语言表达方式等。

中国人好饮清茶，即为清雅怡和的饮茶习俗：茶叶冲以煮沸的水（或沸水稍凉后），顺乎自然，清饮雅尝，寻求茶之原味，重在意境。中国唐代的诗僧释皎然有“一饮涤昏寐，情思朗爽满天地；再饮清我神，忽如飞雨洒清尘；三饮便得道，何须苦口破烦恼”的感慨。卢仝亦有诗云：“五碗肌骨轻，六碗通仙灵，七碗吃不得也，惟觉两腋习习轻风生。蓬莱山，在何处，玉川子，乘此清风欲飞去。”宋朝赵州和尚回答什么都是那句偈语“吃茶去”。可以这样说，中国的饮茶深受古老的道佛家思想的影响，所以喝茶崇尚清心寡欲，恬静平和，淡雅致真。

日本、朝鲜、韩国亦是好饮清茶之国。日本的茶道强调“和敬清寂”。在朝鲜古代时候，官府人员认为喝茶是很重要的礼节，尤其是司法部门的官员深信喝茶可以让人做到清廉公正。这样的饮茶已不是简单的喝茶品茶，它融入特定民族的思想和信仰，所以从饮茶风俗中也可以了解到他们的人生观、价值观。茶能助思，亦能“反思”，即反映人的思想意识。

中国的少数民族和很多西方国家都喜欢加有一定作料的茶，如中国边陲的酥油茶、盐巴茶、奶茶以及侗族的打油茶、土家族的擂茶，又如欧美的牛乳红茶、柠檬红茶、多味茶、香料茶等，均兼有作料的特殊风味。这其中有不少有趣奇特的饮茶风俗。

（一）中国茶俗举要

1. 擂茶

顾名思义，擂茶就是把茶和一些配料放进擂钵里擂碎冲沸水而成（图9-2）。

图9-2 擂茶

不过，擂茶有几种，如福建西北部民间的擂茶是用茶叶和适量的芝麻置于特制的陶罐中，用茶木棍研成细末后加滚开水而成。广东的揭阳、普宁等地聚居的客家人所喝的客家擂茶，是把茶叶放进牙钵（为吃擂茶而特制的瓷器）擂成粉末后，加上捣碎的熟花主、芝麻后加上一点盐和香菜，用滚烫的开水冲泡而成。湖南的桃花源一带有喝秦人擂茶的特殊习俗，是把茶叶、生姜、生米放到碾钵里擂碎，然后冲上沸水饮用。若能再放点芝麻、细盐进去，则滋味更为清香可口。喝秦人擂茶一要趁热，二要慢咽，只有这样才会有“九曲回肠，心旷神怡”之感。

2. 龙虎斗茶

云南西北部深山老林里的兄弟民族，喜欢用开水把茶叶在瓦罐里熬得浓浓的，而后把茶水冲放到事先装有酒的杯子里与酒调和，有时还加上一个辣子，当地人称为“龙虎斗茶”。喝一杯龙虎斗茶以后，全身便会热乎乎的，睡前喝一杯，醒来会精神抖擞，浑身有力。

3. 竹筒茶

将清毛茶放入特制的竹筒内，在火塘中边烤边捣压，直到竹筒内的茶叶装满并烤干，就剖开竹筒取出茶叶用开水冲泡饮用。竹筒茶（图9–3）既有浓郁的茶香，又有清新的竹香。云南西双版纳的傣族同胞喜欢饮这种茶。

图9–3 竹筒茶

4. 锅帽茶

在锣锅内放入茶叶和几块燃着的木炭，用双手端紧锣锅上下抖动几次，使茶叶和木炭不停地均匀翻滚，等到有缕缕青烟冒出和闻到浓郁的茶香味时，便把茶叶和木炭一起倒出，用筷子快速地把木炭拣出去，再把茶叶倒回锣锅内加水煮几分钟就可以了。布朗族同胞喜欢饮锅帽茶。

5. 盖碗茶

在有盖的碗里同时放入茶叶、碎核桃仁、桂圆肉、红枣、冰糖等，然后冲入沸水，盖好盖子。来客泡盖碗茶一般要在吃饭之前，倒茶是要当面将碗盖揭开，并用双手托碗捧送，以表示对客人的尊敬。沏盖碗茶是回族同胞的饮茶习俗。

6. 婆婆茶

新婚苗族妇女常以婆婆茶招待客人。婆婆茶的做法是：平时将去壳的南瓜子和葵花子、晒干切细的香樟树叶尖以及切成细丝的嫩腌生姜放在一起搅拌均匀，储存在容器内备用。要喝茶时，就取一些放入杯中，再以煮好的茶汤冲泡，边饮边用茶匙舀食，这种茶就叫做婆婆茶。

7. 维吾尔族的茶俗

若至维吾尔族人家做客，一般由女主人用托盘向客人敬第一碗茶。第二碗开始，则由男主人敬。倒茶时要缓缓倒入茶碗内，茶不能满碗。客人如不想再喝，可用手将碗口捂一下，即是向主人示意：已喝好。喝完茶后，还要由长者作“都瓦”（默祷）。作都瓦时，要将两手伸开合并，手心朝脸默祷几秒钟后轻轻从上到下摸一下脸，“都瓦”即告完毕。主人作都瓦时，客人不能东张西望、嬉笑起立，须待主人收拾完茶具后，客人才能离席，否则视为失礼。维吾尔族人分居于新疆天山南北，饮茶习俗也因地域不同而有差别。北疆人常喝奶茶，一般每日需“二茶一饭”。喝奶茶时，常以一种用小麦面制成的圆形面饼“馕”（为民族传统面食）佐食。北疆伊犁地区的妇女还有在喝完奶茶的液体后，再将沉于壶底的茶渣和奶皮一起放在口中嚼食的“吃茶”习惯。南疆人则常喝清茶或香茶。维吾尔族人的饮茶方式仍是沿袭我国唐宋时的煎茶或煮茶法。煮茶用具，北疆大多使用铝锅，而南疆喜用铜质长颈茶壶或陶瓷、搪瓷的长颈茶壶。喝茶时均用茶碗，一般用小碗喝清茶或香茶，而用大碗喝奶茶或奶皮茶。此外，还有人喜饮将糖放进茶水煎煮的“甜茶”和用植物油或羊油将面炒熟后，再加入刚煮好的茶水和少量盐的“炒面茶”。

8. 藏族的茶俗

藏族饮茶，有喝清茶的，有喝奶茶的，也有喝酥油茶的，名目较多，喝得最普遍的还是酥油茶（图9-4）。所谓酥油，就是把牛奶或羊奶煮沸，用勺搅拌，倒入竹桶内，冷却后凝结在溶液表面的一层脂肪。至于茶叶，一般选用的是紧压茶类中的普洱茶、金尖等。酥油茶的加工方法比较讲究，一般先用锅子烧水，待水煮沸后，再用刀子把紧压茶捣碎，放入沸水中煮，约半小时左右，待茶汁浸出后，滤去茶叶，把茶汁装进长圆柱形的打茶筒内。与此同时，有另一口锅煮牛奶，一直煮到表面凝结一层酥油时，把它倒入盛有茶汤的打茶筒内，再放上适量的盐和糖。这时，盖住打茶筒，用手把住直立茶筒并上下移动长棒，不断抽打。直到筒内声音从“咣当、咣当”变成“嚓咿、嚓咿”时茶、酥油、盐、糖等即混为一体，酥油茶就打好了。打酥油茶用的茶筒，多为铜质，甚至有用银制的。而盛酥油茶用的茶具，多为银质，甚至还有用黄金加工而成的。茶碗虽以木碗为多，但常常是用金、银或铜镶嵌而成。更有甚者，有用翡翠制成的，这种华丽而又昂贵的茶具，常被看做是传家之宝。而这些不同等级的茶具，又是人们财产拥有程度的标志。喝酥油茶是很讲究礼节的，大凡宾客上门入座后，主妇立即会奉上糌粑，这是一种炒熟的青稞粉和茶汁调制成的粉糊，也是捏成团子状的。随后，再分别递上一只茶碗，主妇很有礼貌的按辈分大小，先长后幼，向众宾客一一倒上酥油茶，再热情地邀请大家用茶。这时，主客一边喝酥油茶，一边吃糌粑，这种不可多见的饮茶风俗，对多数人而言，真有别开生面之感。不过，按当

图9-4 酥油茶

地的习惯，客人喝酥油茶时，不能端碗一喝而光，这种狼吞虎咽的喝茶方式，被认为是不礼貌、不文明的。一般每喝一口茶，都要留下少许，这被看做是对主妇打茶手艺不凡的一种赞许，这时，主妇早已心领神会，又来斟满。如此二三巡后，客人觉得不想再喝了，就把剩下的少许的茶汤有礼貌地泼在地上，表示酥油茶已喝饱了，当然主妇也不再劝喝了。由于藏族喝酥油茶有着比其他民族喝茶更为重要的作用，所以，不论男女老少，达到人人皆饮的程度，每天喝茶多达20碗左右，很多人家把茶壶放在炉上，终日熬煮，以便随取随喝。当地有一种风俗，当喇嘛祭祀时，虔诚的教徒要敬茶，有钱的富庶要施茶。他们认为，这是积德行善。所以，在西藏一些大的喇嘛寺里，往往备有一个特大的茶锅，锅口直径达1.5米以上，可容茶水数担，在朝拜时煮水熬茶，供香客取喝，算是佛门的一种施舍。在男婚女嫁时，藏族兄弟视茶为珍贵礼品，它象征婚姻美满和幸福。

（二）国外茶俗

1. 印度的马萨拉茶

其制作方法很简单，就是在红茶中加入姜和小豆蔻。奇特的是它的喝茶方式：既不是把茶倒到杯中一口口地喝，也不是倒在瓢筒中用管子慢慢吸饮，而是习惯把茶倒在盘子里，伸出舌头去舔饮，所以这种茶又叫做舔茶。

2. 爱好茶饮的伊斯兰教国家

在信仰伊斯兰教的国家里，比如巴基斯坦，森严的教律规定不许酗酒，所以饮茶盛行，养成了以茶代酒、以茶消腻、以茶提神、以茶为乐的饮茶风俗。

3. 望糖喝茶的“豪饮”之国

在西亚，土耳其、伊拉克被称为豪饮之国，他们的人民不喜温饮，而喜煮滚热饮；只饮红茶，不饮绿茶。伊拉克人煮的是很浓的红茶，味苦色黑，所以有些伊拉克人喝茶时先舔一下白糖，然后呷一口茶，循环往复；也有的在喝茶时把糖放在面前，望糖喝茶，大概还颇有点“望梅止渴”的

图9-5 俄罗斯代表性茶具

情趣，边想白糖边喝苦茶。

4.“嚼茶”

在缅甸和泰国有着极具特色的“嚼茶”。嚼茶的食用方法是，先将茶树的嫩叶蒸一下，然后再用盐腌，最后掺上少量的盐和其他作料，放在口中嚼食。冰茶也是这些热带国家的饮茶习惯。

5. 俄罗斯

俄罗斯人爱喝甜茶（图9-5），喜好在茶中加糖、果酱、蜂蜜，有时也加奶、柠檬片。有些地方习惯加盐，如雅库特人就在茶里加奶和盐。他们亦喜好浓茶并用茶炊煮茶，常在茶中放罗姆酒。喝茶时先用瓷茶壶一般根据一人一茶勺的量把茶叶泡3～5分钟，然后将沏好的浓茶倒进茶杯，再根据个人喜好浓淡的程度续水。

6. 蒙古

蒙古人在饮茶时，先把砖茶放在木臼中捣成粉末，加水放在锅中煮开，加上盐和脂肪制成羹汤，过滤后混入牛奶、奶油、玉蜀黍再饮用。

7. 马里

马里人喜爱饭后喝茶，他们把茶叶和水放入茶壶里，然后放在泥炉上煮开，茶煮沸后加上糖，每人斟一杯。他们的煮茶方法不同一般：每天起床，就以锡罐烧水，投入茶叶；任其煎煮，直到同时煮的腌肉烧熟，再同时吃肉喝茶。这与新加坡、马来西亚的肉骨茶是异曲同工的。

8. 埃及

埃及人待客，常端上一杯热茶，里面放许多白糖，只喝二三杯这种甜茶，嘴里就会感到黏糊糊的，连饭也不想吃了。

9. 北非

北非人喝茶，喜欢在绿茶里放几片新鲜薄荷叶和一些冰糖，饮时清凉可口。有客来访，客人得将主人向他敬的三杯茶喝完，才算有礼貌。

图9–6 南美马黛茶

10. 南美

南美流行的是非茶之茶马黛茶（图9–6）。南美许多国家，尤其是阿根廷，人们用当地的马黛树的叶子制成茶，既提神又助消化。他们是用带圆球的铜制或银制的吸管从晒干的葫芦容器中慢慢品味着茶。用吸管吮吸时小球起到过滤作用，避免茶末吸入管内，茶淡时还能翻滚搅动，使茶水变浓。

11. 加拿大

加拿大人泡茶方法较特别，先将陶壶烫热，放一茶匙茶叶，然后以沸水注入其中，浸七八分钟，再将茶叶倾入另一热壶供饮，通常加入乳酪与糖。

12. 美国

美国人喜欢速溶的袋泡茶。大家都知道美国是一个变化极其迅速的国家，讲究高效简便，时间就像金钱一样被精打细算着花，饮茶也是以最为快速的方式被喝下去。

13. 欧洲

法国人喜欢加有香料的高香红茶，英国人喜欢传统的红茶加糖或柠檬。喝下午茶（图9–7），仍是英国人的传统，既是他们的一种休闲方式，也是他们重要的社交形式。

图9–7 英国下午茶

（三）茶俗中的“变”与“不变”

给大家列举了这么多的饮茶方式，我们再来比较一番东西方的饮茶习俗，发现这些习俗和各自的文化息息相关：东方喜好素雅清静，西方喜好浓艳热烈。可见，各个国家和地区不同的饮茶习俗，事实上是不同民族精神、传统习惯和风土人情的映射，也是社会与民族的一个侧影。也就是茶能助思，亦能“反思”，即反映人的思想意识。用心去饮茶，也是用心去体会各民族的文化底蕴。

不管各国的饮茶习俗怎样的丰富多彩，归根结底都受到了中国饮茶文化的熏陶。纵观中国的饮茶史，远在神农时期，人们就直接含嚼茶树新鲜枝叶汲取茶汁，感受芬芳、清新并富有收敛性的快感；之后逐渐变成将茶叶盛放在陶罐中加水生煮羹饮或烤饮，茶粥之类茶膳极其普遍；到魏朝时变成制饼烘干、饮用时碾碎冲泡，日久，人们自然养成了煮煎品饮的习俗；茶事在隋唐之后日益兴起，后又有宋代的斗茶之风；至明代，原来的蒸青绿茶改进为炒青绿茶，然后又发展到各种茶类，茶的清饮系统从此占据中国茶俗的主导地位。所以，从中国饮茶史来说，是由调饮走向清饮的。从中国茶俗的地域性来看，不论过去还是现在，调饮与清饮都是并存的。追本溯源，西方茶俗中的调饮是受到中国的熏陶，日本的茶道则是来自中国宋代的抹茶法。

人常言：变化是绝对的。所以，各国的饮茶习俗和时尚也在不断地发展变化。过去被视为解渴饮料的茶，由于其对人体的多种生理功能和药理效应，已被公认是当今世界上最理想的保健饮料。人们饮茶也趋向“回归大自然”，并生发出求健、求美及各种多样化的需求。人们会期望高质量的色香味形有特色、有艺术价值的茶，同时也期望方便、卫生和具有保健效应的茶。近年来茶末食品的问世，意味着茶叶从单纯地饮用茶汁向“茶饮”“茶食”“茶膳”并举发展。各国对不同茶类的需求也在不断地变化，比如英国喝袋泡茶、速溶茶的人越来越多，日本喝乌龙茶的人越来越多。于是相应地，人们的饮茶习俗也会逐渐的有所变化。

不过，尽管饮茶习俗多种多样，但是把饮茶看做是一种养生健身的手段和促进人际关系的纽带，在这一点上，各国各民族应该是相通的。

三、茶礼

（一）民间茶礼

茶礼，又叫“茶银”，是聘礼的一种。清代孔尚任《桃花扇·媚座》中有“花花彩轿门前挤，不少欠分毫茶礼”，这说的是以茶为彩礼的习俗。明许次纾在《茶疏考本》中说：“茶不移本，植必子生。”古人结婚以茶为识，以为茶树只能从种子萌芽成株，不能移植，否则就会枯死，因此把茶看做是一种至性不移的象征。所以，民间男女订婚以茶为礼，女方接受男方聘礼，叫“下茶”或“茶定”，有的叫“受茶”，并有“一家不吃两家茶”的谚语。同时，还把整个婚姻的礼仪总称为“三茶六礼”。“三茶”，就是订婚时的“下茶”、结婚时的“定茶”、同房时的“合茶”。“下茶”又有“男茶女酒”之称，即订婚时，男家除送如意庚帖外，还要送几缸绍兴酒。举行婚礼时，还要行三道茶仪式。三道茶者，第一道百果，第二道莲子、枣儿，第三道方是茶。吃的方式，第一道，接杯之后，双手捧之，深深作揖，然后向嘴唇一触，即由家人收去。第二道亦如此。第三道，作揖后才可饮。这是最尊敬的礼仪。在拉祜族婚俗中，男女双方确定成婚日期后，男方要送茶、盐、酒、肉、米、柴等礼物给女方，拉祜人常说：“没有茶就不能算结婚。”婚礼上必须请亲友喝茶。白族男女订婚、结婚都要送茶礼。云南中甸（香格里拉）一带的藏族青年，在节日和农闲时，打好酥油茶带到野外聚会，遇到姑娘们便邀请入座，如看中对方，可借敬茶的机会，抢过对方的帽子，然后离开人群，进行商谈；如不同意作配偶，就将帽子拿回。侗族在解除婚约时，采用“退茶”的仪礼。

茶礼的另一层意思是以茶待客的礼仪。我国是礼仪之邦，客来敬茶是我国人民传统的、最常见的礼节。早在古代，不论饮茶的方法如何简陋，茶也成为日常待客的必备饮料，客人进门，敬上一杯（碗）热茶，表达主人的一片盛情。在我国历史上，不论富贵之家或贫困之户，不论上层社会或平民百姓，莫不以茶为应酬品。

（二）细茶粗吃，粗茶细吃

在华北、东北，老年人来访，宜沏上一杯浓醇芬芳的优质茉莉花茶，并选用加盖瓷杯；如来客是南方的年轻妇女，宜冲一杯淡雅的绿茶，如龙井、毛尖、碧螺春等，并选用透明玻璃茶杯，不加杯盖；如来访者嗜好喝浓茶，不妨适当加大茶量，并拼以少量茶末，可做到茶汤味浓，经久耐泡，饮之过瘾；如来客喜啜乌龙茶，则用小壶小杯，选用安溪铁观音和武夷岩茶招待贵客；如家中只有低级粗茶或茶末，那最好用茶壶泡茶，只闻茶香，只品茶味，不见茶形。以上就是所谓“细茶粗吃，粗茶细吃”的道理。

（三）浅茶满酒

我国有“浅茶满酒”的讲究，一般倒茶或冲茶至茶具的2/3到3/4左右，如冲满茶杯，不但烫嘴，还寓有逐客之意。泡茶水温也要因茶而异，乌龙茶需用沸水冲泡，并用沸水预先烫杯；其他茶叶冲泡水温为80℃～90℃；细嫩的茶末冲泡水温还可再低点。敬茶要礼貌。一定要洗净茶具，切忌用手抓茶，茶汤上不能漂浮一层泡沫和焦黑黄绿的茶末或粗枝大叶横于杯中。茶杯无论有无柄，端茶一定要在下面加托盘。敬茶时温文尔雅、笑容可掬、和蔼可亲，双手托盘至客人面前，躬腰低声说“请用茶”；客人应起立说“谢谢”，并用双手接过茶托。做客饮茶，也要慢啜细饮，边谈边饮，并连声赞誉茶叶鲜美和主人手艺，不能手舞足蹈，狂喝暴饮。主人陪伴客人饮茶时，在客人已喝去半杯时即添加开水，使茶汤浓度、温度前后大略一致。饮茶中，也可适当佐以茶食、糖果、菜肴等，达到调节口味的功效。总之，我们待客敬茶所遵循的就是一个“礼”字，我们待人接物所取的就是一个“诚”字。让人间真情渗透在一杯茶水里，渗透在每个人的心灵里。

（四）谢茶的叩指礼

当别人给自己倒茶时，为了表示谢意，将食指和无名指弯曲后以指甲压着桌面似两膝跪在桌上，似叩头。这在我国的社交场合中是一种常见的礼节。传说乾隆微服南巡时，到一家茶楼喝茶，当地知府知道了这一情况，也微服前往茶楼护驾。到了茶楼，知府就在皇帝对面末座的位上坐下。皇帝心知肚明，也不去揭穿，就像久闻大名、相见恨晚似的装模作样寒暄一番。皇帝是主，免不得提起茶壶给这位知府倒茶，知府诚惶诚恐，但也不好当即跪在地上来个“谢主隆恩”，于是灵机一动，忙用手指作跪叩之状以“叩手”来代替“叩首”。之后逐渐形成了现在谢茶的叩指礼。

（五）敬茶的平等心

相传，清代大书法家、大画家郑板桥去一个寺院，方丈见他衣着俭朴，以为是一般俗客，就冷淡地说了句“坐”，又对小和尚喊“茶！”一经交谈，顿感此人谈吐非凡，就引进厢房，一面说“请坐”，一面吩咐小和尚“敬茶”。又经细谈，得知来人是赫赫有名的“扬州八怪”之一的郑板桥时，急忙将其请到雅洁清静的方丈室，连声说“请上坐”，并吩咐小和尚“敬香茶”。最后，这个方丈再三恳求郑板桥题词留念，郑板桥思忖了一下，挥笔写了一副对联。上联是“坐，请坐，请上坐”；下联是“茶，敬茶，敬香茶”。方丈一看，羞愧满面，连连向郑板桥施礼，以示歉意。实际上，敬茶是要分对象的，但不是以身份地位，而是应视对方的不同习俗。如果是北方人特别是东北人来访，与其敬上一杯上等绿茶，倒不如敬上一杯上等的茉莉花茶，因他们一般喜好喝茉莉花茶。

四、茶艺

茶艺既包括茶叶品评技法和艺术操作手段，又包括品茗美好环境，体现出品茶过程的美好意境，是形式和精神的统一（图9-8）。茶艺包括选茗、择水、烹茶技术、茶具艺术、环境的选择创造等一系列内容。茶艺讲究壶与杯的古朴雅致，或是富丽堂皇。另外，茶艺还要讲究人品、环境的协调，文人雅士讲求清幽静雅，达官贵族追求豪华高贵等。一般传统的茶艺，环境要求多是清风、明月、松吟、竹韵、梅开、雪霁等。总之，茶艺是形式和精神的完美结合，其中包含着美学观点和人的精神寄托。

第一，茶艺是“茶”和“艺”的有机结合。茶艺是茶人根据茶道规则，通过艺术加工，向饮茶人和宾客展现茶的冲、泡、饮的技巧，把日常的饮茶引向艺术化，提升了品饮的境界，赋予茶以更强的灵性和美感。

第二，茶艺是一种生活艺术。茶艺多姿多彩，充满生活情趣，对于丰富我们

图9-8 中国茶艺

的生活，提高我们的品位，是一种积极的方式。

第三，茶艺是一种舞台艺术。要展现茶艺的魅力，需要借助于人物、道具、舞台、灯光、音响、字画、花草等的密切配合及合理编排，给饮茶人以高尚、美好的享受，给表演带来活力。

第四，茶艺是一种人生艺术。人生如茶，在紧张繁忙之中，泡出一壶好茶，细细品味，进入内心的修养过程，感悟苦辣酸甜的人生，使心灵得到净化。

第五，茶艺是一种文化。茶艺在融合中华民族优秀文化的基础上又广泛吸收和借鉴了其他艺术形式，并扩展到文学、艺术等领域，形成了具有浓厚民族特色的中华茶文化。

第六，茶艺是一种唯美是求的大众艺术。只有分类深入研究，不断发展创新，茶艺才能走下表演舞台，进入千家万户，成为当代民众乐于接受的一种健康、诗意、时尚的生活方式。

五、茶道

中国人视道为体系完整的思想学说，是宇宙、人生的法则、规律。所以，中国人不轻易言道，不像日本茶有茶道，花有花道，香有香道，剑有剑道，连摔跤搏击都有柔道、跆拳道。在中国饮食、玩乐诸活动中能升华为“道”的只有茶道。

（一）“茶道”源起

茶道属于东方文化。东方文化与西方文化的不同，在于东方文化往往没有一个科学的、准确的定义，而要靠个人凭借自己的悟性去贴近它、理解它。早在我国唐代就有了“茶道”这个词，例如《封氏闻见记》中说：“又因鸿渐之论，广润色之，于是茶道大行。”唐代刘贞亮在《饮茶十德》中也明确提出：“以茶可行道，以茶可雅志。”

尽管“茶道”这个词从唐代至今已使用了1 000多年，但如今在《现代汉语词典》《辞海》《辞源》等工具书中均无此词条。那么，什么是茶道呢?

（二）日本对茶道的解释

日本人把茶道视为日本文化的结晶，也是日本文化的代表（图9–9）。近几百年来，在日本致力于茶道实践的人层出不穷，在长期实践的基础上，近几年才开始有学者给茶道下定义。1977年，谷川激三先生在《茶道的美学》一书中，将茶道定义为：以身体动作作为媒介而演出的艺术。它包含了艺术因素、社交因素、

图9-9 日本茶道

礼仪因素和修行因素四个因素。久松真一先生则认为：茶道文化是以吃茶为契机的综合文化体系，它具有综合性、统一性、包容性。其中有艺术、道德、哲学、宗教以及文化的各个方面，其内核是禅。熊仓功夫先生从历史学的角度提出：茶道是一种室内艺能。艺能是人本文化独有的一个艺术群，它通过人体的修炼达到人陶冶情操、完善人格的目的。人本茶汤文化研究会仓泽行洋先生则主张：茶道是以深远的哲理为思想背景，综合生活文化，是东方文化之精华。他还认为，道是通向彻悟人生之路，茶道是至心之路，又是心至茶之路。面对博大精深的茶道文化，如何给茶道下定义，可难为了日本学者。

（三）我国学者对茶道的解释

老子云："道可道，非常道。名可名，非常名。""茶道"一词从使用以来，历代茶人都没有给它下过一个准确的定义。直到近年对茶道见仁见智的解释才热闹起来。吴觉农先生认为：茶道是"把茶视为珍贵、高尚的饮料，因喝茶是一种精神上的享受，是一种艺术，或是一种修身养性的手段"。庄晚芳先生认为：茶道是通过饮茶的方式，对人民进行礼法教育、增进其道德修养的一种仪式。庄晚芳先生还归纳出中国茶道的基本精神为"廉、美、和、敬"。他解释说："廉俭育德，美真康乐，和诚处世，敬爱为人。"

陈香白先生认为：中国茶道包含茶艺、茶德、茶礼、茶理、茶情、茶学说、茶道引导7种义理，中国茶道精神的核心是和。中国茶道就是通过茶事活动，引导个体在美的享受过程中完成品格修养，以实现全人类和谐安乐之道。陈香白先生的茶道理论可简称为"七艺一心"。周作人先生则说得比较随意，他对茶道的理解为："茶道的意思，用平凡的话来说，可以称作为忙里偷闲、苦中作乐，在不完全现实中享受一点美与和谐，在刹那间体会永久。"台湾学者刘汉介先生提出："所谓茶道是指品茗的方法与意境。"

其实，给茶道下定义是件费力不讨好的事。茶道文化的本身特点正是老子所说的："道可道，非常道。名可名，非常名。"同时，佛教也认为："道由心悟。"如果一定要给茶道下一个定义，把茶道作为一个固定的、僵化的概念，反倒失去了茶道的神秘感，同时也限制了茶人的想象力，淡化了通过用心灵去悟道时产生的玄妙感觉。用心灵去悟茶道的玄妙感受，好比是"月印千江水，千江月不同"，有的"浮光耀金"，有的"静影沉璧"，有的"江清月近人"，有的"水浅鱼逗月"，有的"月穿江底水无痕"，有的"江云有影月含羞"，有的"冷月无声蛙自语"，有的"清江明水露禅心"，有的"疏影横斜水清浅，暗香浮动月黄昏"，有的则"雨暗苍江晚来清，白云明月露全真"。月之一轮，映像各异。茶道如月，人心如江，在各个茶人的心中对茶道自有不同的美妙感受。

（四）茶道“四谛”

中国人的民族特性是崇尚自然，朴实谦和，不重形式。饮茶也是这样，不像日本茶道具有严格的仪式和浓厚的宗教色彩。但茶道毕竟不同于一般的饮茶。在中国饮茶分为两类，一类是“混饮”，即在茶中加盐、加糖、加奶或加葱、橘皮、薄荷、桂圆、红枣，根据个人的口味嗜好，爱怎么喝就怎么喝。另一类是“清饮”，即在茶中不加入任何有损茶本味与真香的配料，单单用开水泡茶来喝。“清饮”又可分为四个层次，将茶当饮料解渴，大碗海喝，称之为“喝茶”。如果注重茶的色香味，讲究水质、茶具，喝的时候又能细细品味，可称之为“品茶”。如果讲究环境、气氛、音乐、冲泡技巧及人际关系等，则可称之为“茶艺”。而在茶事活动中融入哲理、伦理、道德，通过品茗来修身养性、陶冶情操、品味人生、参禅悟道，达到精神上的享受和人格上的澡雪，这才是中国饮茶的最高境界——茶道。茶道不同于茶艺，它不但讲求表现形式，而且注重精神内涵。

日本学者把茶道的基本精神归纳为“和、敬、清、寂”——茶道的四谛、四则、四规。“和”不仅强调主人对客人要和气，客人与茶事活动也要和谐。“敬”表示相互承认，相互尊重，并做到上下有别，有礼有节。“清”是要求人、茶具、环境都必须清洁、清爽、清楚，不能有丝毫的马虎。“寂”是指整个的茶事活动要安静、神情要庄重、主人与客人都是怀着严肃的态度，不苟言笑地完成整个茶事活动。日本的“和、敬、清、寂”的四谛始创于村田珠光，400多年来一直是日本茶人的行为准则。

我们中国人对茶道基本精神的理解，讲几位有代表性人物的观点：

①台湾中华茶艺协会第二届大会通过的茶艺基本精神是“清、敬、怡、真”。台湾教授吴振铎解释：“清”是指“清洁”“清廉”“清静”“清寂”。茶道的真谛不仅要求事物外表之清，更需要心境清寂、宁静、明廉、知耻。“敬”是万物之本，敬乃尊重他人，对己谨慎。“怡”是欢乐怡悦。“真”是真理之真，真知之真。饮茶的真谛，在于启发智慧与良知，使人生活淡泊明志、俭德行事，臻于真、善、美的境界。

②我国大陆学者对茶道的基本精神有不同的理解，其中最具代表性的是茶业界泰斗庄晚芳教授提出的“廉、美、和、敬”。庄老解释为：“廉俭育德，美真康

乐，和诚处世，敬爱为人。”

③“武夷山茶痴”林治先生认为“和、静、怡、真”应作为中国茶道的四谛。因为“和”是中国茶道哲学思想的核心，是茶道的灵魂。“静”是中国茶道修习的不二法门。“怡”是中国茶道修习实践中的心灵感受。“真”是中国茶道的终极追求。

（五）“和”，中国茶道哲学思想的核心

“和”是儒、佛、道三教共通的哲学理念。茶道追求的“和”源于《周易》中的“保合大和”。“保合大和”的意思指世界万物皆有阴阳两要素构成，阴阳协调、保全大和之元气以普利万物才是人间真道。陆羽在《茶经》中对此论述得很明白。惜墨如金的陆羽不惜用250个字来描述它设计的风炉。指出，风炉用铁铸从“金”；放置在地上从“土”；炉中烧的木炭从“木”；木炭燃烧从“火”；风炉上煮的茶汤从“水”。煮茶的过程就是金木水火土五行相生相克并达到和谐平衡的过程。可见五行调和等理念是茶道的哲学基础。

儒家从“大和”的哲学理念中推出“中庸之道”的“中和”思想。在儒家眼里和是中，和是度，和是宜，和是当，和是一切恰到好处、无过无不及。儒家对和的诠释，在茶事活动中表现得淋漓尽致。在泡茶时表现为“酸甜苦涩调太和，掌握迟速量适中”的中庸之美。在待客时表现为“奉茶为礼尊长者，备茶浓意表浓情”的明礼之伦。在饮茶过程中表现为“饮罢佳茗方知深，赞叹此乃草中英”的谦和之礼。在品茗的环境与心境方面表现为“朴实古雅去虚华，宁静致远隐沉毅”的俭德之行。

（六）“静”，中国茶道修习的必由之径

中国茶道是修身养性，追寻自我之道。静是中国茶道修习的必由途径。如何从小小的茶壶中去体悟宇宙的奥秘？如何从淡淡的茶汤中去品味人生？如何在茶事活动中明心见性？如何通过茶道的修习来澡雪精神、锻炼人格、超越自我？答案只有一个字——静。

老子说：“至虚极，守静笃，万物并作，吾以观其复。夫物芸芸，各复归其

根。归根曰静，静曰复命。”庄子说：“水静则明烛须眉，平中准，大匠取法焉。水静伏明，而况精神。圣人之心，静，天地之鉴也，万物之镜。”老子和庄子所启示的“虚静观复法”是人们明心见性、洞察自然、反观自我、体悟道德的无上妙法。

道家的“虚静观复法”在中国的茶道中演化为“茶须静品”的理论实践。宋徽宗赵佶在《大观茶论》中写道：“茶之为物……冲淡闲洁，韵高致静。”徐祯卿《秋夜试茶》诗云：“静院凉生冷烛花，风吹翠竹月光华。闷来无伴倾云液，铜叶闲尝紫笋茶。”梅妻鹤子的林逋在《尝茶次寄越僧灵皎》诗中云：“白云南风雨枪新，腻绿长鲜谷雨春。静试却如湖上雪，对尝兼忆剡中人。”诗中意境幽极静笃。戴昺的《赏茶》诗：“自汲香泉带落花，漫烧石鼎试新茶。绿阴天气闲庭院，卧听黄蜂报晚衙。”连黄蜂飞动的声音都清晰可闻，可见虚静至极。“卧听黄蜂报晚衙”真可与王维的“蝉噪林愈静，鸟鸣山更幽”相媲美。苏东坡在《汲江煎茶》诗中写道：“活水还须活火烹，自临钓石汲深清。大瓢贮月归春瓮，小勺分江入夜瓶。雪乳已翻煎处脚，松风忽作泻时声。枯肠未易禁三碗，卧听山城长短更。”生动描写了苏东坡在幽静的月夜临江汲水煎茶品茶的妙趣，堪称描写茶境虚静清幽的千古绝唱。

中国茶道正是通过茶事创造一种宁静的氛围和一种空灵虚静的心境，当茶的清香静静地浸润你的心田和肺腑的每一个角落的时候，你的心灵便在虚静中显得空明，你的精神便在虚静中升华净化，你将在虚静中与大自然融涵玄会，达到“天人合一”的“天乐”境界。得一“静”字，便可洞察万物、道通天地、思如风云、心中常乐。道家主静，儒家主静，佛教更主静。我们常说：“禅茶一味。”在茶道中以静为本，以静为美。唐代皇甫曾的《陆鸿渐采茶相遇》云：“千峰待逋客，香茗复丛生。采摘知深处，烟霞羡独行。幽期山寺远，野饭石泉清。寂寂燃灯夜，相思一磬声。”这首诗写的是境之静。宋代杜小山有诗云：“寒夜客来茶当酒，竹炉汤沸火初红。寻常一样窗前月，才有梅花便不同。”写的是夜之静。清代郑板桥诗云：“不风不雨正清和，翠竹亭亭好节柯。最爱晚凉佳客至，一壶新茗泡松萝。”写的是心之静。

在茶道中，静与美常相得益彰。古往今来，无论是羽士还是高僧或儒生，都殊途同归地把“静”作为茶道修习的必经大道。因为静则明，静则虚，静可虚怀若谷，静可内敛含藏，静可洞察明澈，体道入微。可以说：“欲达茶道通玄境，除却静字无妙法。”

（七）“怡”，中国茶道中茶人的身心享受

“怡”者和悦、愉快之意。

中国茶道是雅俗共赏之道，它体现于平常的日常生活之中，它不讲形式，不拘一格，突出体现了道家“自恣以适已”的随意性。同时，不同地位、不同信仰、不同文化层次的人对茶道有不同的追求。历史上王公贵族讲茶道，他们重在“茶之珍”，意在炫耀权势，夸示富贵，附庸风雅。文人学士讲茶道重在“茶之韵”，托物寄怀，激扬文思，交朋结友。佛家讲茶道重在“茶之德”，意在去困提神，参禅悟道，见性成佛。道家讲茶道重在“茶之功”，意在品茗养生，保生尽年，羽化成仙。普通老百姓讲茶道重在“茶之味”，意在去腥除腻，涤烦解渴，享受人生。无论什么人都可以在茶事活动中取得生理上的快感和精神上的畅适。参与中国茶道，可抚琴歌舞，可吟诗作画，可观月赏花，可论经对弈，可独对山水，亦可以翠娥捧瓯，可潜心读《易》，亦可置酒助兴。儒生可“怡情悦性”，羽士可“怡情养生”，僧人可“怡然自得”。中国茶道的这种怡悦性，使得它有极广泛的群众基础，这种怡悦性也正是中国茶道区别于强调“清寂”的日本茶道的根本标志之一。

（八）“真”，中国茶道的终极追求

中国人不轻易言“道”，而一旦论道，则必执着于“道”，追求于“真”。“真”是中国茶道的起点，也是中国茶道的终极追求。

中国茶道在从事茶事时所讲究的“真”，不仅包括茶应是真茶、真香、真味，环境最好是真山真水，挂的字画最好是名家名人的真迹，用的器具最好是真竹、真木、真陶、真瓷，还包含了对人要真心，敬客要真情，说话要真诚，心境要真闲。茶事活动的每一个环节都要认真，每一个环节都要求真。

中国茶道追求的“真”有三重含义：

①追求道之真，即通过茶事活动追求对“道”的真切体悟，达到修身养性、品味人生之目的。

②追求情之真，即通过品茗述怀，使茶友之间的真情得以发展，达到茶人之间互见真心的境界。

③追求性之真，即在品茗过程中，真正放松自己，在无我的境界中去放飞自己的心灵，放牧自己的天性，达到“全性葆真”。

爱护生命，珍惜生命，让自己的身心更健康、更畅适，让自己的一生过得更真实，做到“日日是好日”，这是中国茶道追求的最高层次。

茶知识漫谈

★ 民间茶谚知多少？

神农遇毒，得茶而解。

壶中日月，养性延年。

苦茶久饮，可以益思。

夏季宜饮绿，冬季宜饮红，春秋两季宜饮花。

冬饮可御寒，夏饮去暑烦。

饮茶有益，消食解腻。

好茶一杯，精神百倍。

茶水喝足，百病可除。

淡茶温饮，清香养人。

苦茶久饮，明目清心。

不喝隔夜茶，不喝过量酒。

午茶助精神，晚茶导不眠。

吃饭勿过饱，喝茶勿过浓。

烫茶伤人，姜茶治痢，糖茶和胃。

药为各病之药，茶为万病之药。

空腹茶心慌，晚茶难入寐，烫茶伤五内，温茶保年岁。

投茶有序，先茶后汤。

清茶一杯在手，能解疾病与忧愁。

早茶晚酒。

酒吃头杯，茶吃二盏。

好茶不怕细品。

茶吃后来酽。

几朵菊花一撮茶，明目清心把寿加。

常喝茶，少烂牙。

春茶苦，夏茶涩；要好喝，秋露白。

隔夜茶，毒如蛇。

肚子里没有病，喝茶也会胖起来。

龙井茶叶虎跑水。

茗壶莫妙于紫砂。

洞庭湖中君山茶。

★ 我国55个少数民族的饮茶习俗

（1）藏族：酥油茶、甜茶、奶茶、油茶羹。

（2）维吾尔族：奶茶、奶皮茶、清茶、香茶、甜茶、炒面条、茯砖茶。

（3）蒙古族：奶茶、砖茶、盐巴茶、黑茶、咸茶。

（4）回族：三香碗子茶、糌粑茶、三炮台茶、茯砖茶。

（5）哈萨克族：酥油茶、奶茶、清真茶、米砖茶。

（6）壮族：打油茶、槟榔代茶。

（7）彝族：烤茶、陈茶。

（8）满族：红茶、盖碗茶。

（9）侗族：豆茶、青茶、打油茶。

（10）黎族：黎茶、艿茶。

（11）白族：三道茶、烤茶、雷响茶。

（12）傣族：竹筒香茶、煨茶、烧茶。

（13）瑶族：打油茶、滚郎茶。

（14）朝鲜族：人参茶、三珍茶。

（15）布依族：青茶、打油茶。

（16）土家族：擂茶、油茶汤、打油茶。
（17）哈尼族：煨酽茶、煎茶、土锅茶、竹筒茶。
（18）苗族：米虫茶、青茶、油茶、茶粥。
（19）景颇族：竹筒茶、腌茶。
（20）土族：年茶。
（21）纳西族：酥油茶、盐巴茶、龙虎斗、糖茶。
（22）傈僳族：油盐茶、雷响茶、龙虎斗。
（23）佤族：苦茶、煨茶、擂茶、铁板烧茶。
（24）畲族：三碗茶、烘青茶。
（25）高山族：酸茶、柑茶。
（26）仫佬族：打油茶。
（27）东乡族：三台茶、三香碗子茶。
（28）拉祜族：竹筒香茶、糟茶、烤茶。
（29）水族：罐罐茶、打油茶。
（30）柯尔克孜族：茯茶、奶茶。
（31）达斡尔族：奶茶、荞麦粥茶。
（32）羌族：酥油茶、罐罐茶。
（33）撒拉族：麦茶、茯茶、奶茶、三香碗子茶。
（34）锡伯族：奶茶、茯砖茶。
（35）仡佬族：甜茶、煨茶、打油茶。
（36）毛南族：青茶、煨茶、打油茶。
（37）布朗族：青竹茶、酸茶。
（38）塔吉克族：奶茶、清真茶。
（39）阿昌族：青竹茶。
（40）怒族：酥油茶、盐巴茶。
（41）普米族：青茶、酥油茶、打油茶。
（42）乌孜别克族：奶茶。
（43）俄罗斯族：奶茶、红茶。
（44）德昂族：砂罐茶、腌茶。
（45）保安族：清真茶、三香碗子茶。

（46）鄂温克族：奶茶。

（47）裕固族：炒面茶、甩头茶、奶茶、酥油茶、茯砖茶。

（48）京族：青茶、槟榔茶。

（49）塔塔尔族：奶茶、茯砖茶。

（50）独龙族：煨茶、竹筒打油茶、独龙茶。

（51）珞巴族：酥油茶。

（52）基诺族：凉拌茶、煮茶。

（53）赫哲族：小米茶、青茶。

（54）鄂伦春族：黄芪茶。

（55）门巴族：酥油茶。

在我国55个少数民族中，除赫哲族人历史上很少吃茶外，其余各民族都有饮茶的习俗。

★ 浮生若茶

曾有个人，仕途惨淡，姻缘不顺，众叛亲离，绝望之余，来到庙中，恳求老方丈为其剃度。老方丈听了后并没有说什么，只拿出一盒新茶、两壶水，用两只茶杯分别放入一小撮茶叶，再用温水和沸水分别冲泡，请年轻人品茶，年轻人先尝那温茶，感觉淡然无香、寡然无味；而沸水那杯，则沁人心脾，堪称极品。

茶一定要用热水烫过才有味道，人生也是一样，一辈子很平顺，味道也不会出来，一定要三起三落，然后起的时候像万里飘蓬，之后才有味道出来。整个过程都非常重要，缺一环节都不可，而此时茶叶本身的好坏就变得不是很重要了。人生其实亦如此。

★ 人生如茶

唐末五代时期，闽王在福州拜见扣冰古佛，叩请治国方略。尽管闽王不爱喝茶，但扣冰古佛仍然不时往闽王的杯子里加茶。眼看着闽王的杯子茶水溢出，扣冰古佛仍然不时往闽王的杯子里加茶。

闽王看见茶水流满桌面，一脸讶异，便问："师父，杯子已经满了，为什么还要加茶呢？"

扣冰古佛说："你的心就像这个杯子一样，已经都装得满满当当的了，不把茶喝掉，不把杯子倒空，如何装得下别的东西呢？”

只有空的杯子才可以装水，只有空的房子才可以住人，只有空谷才可以传声……有道是：海纳百川，有容乃大；海阔凭鱼跃，天高任鸟飞。空是一种度量和胸怀，空是有的可能和前提，空是有的最初因缘。人生如茶，空杯以对，就有喝不完的好茶，就有装不完的欢喜和感动。